普通高等教育"十一五"国家级规划教材

互动媒体设计

主　　编：黄秋野
副 主 编：周晓蕊
编写人员：郭　策　金　霞　章　立　周晓蕊　黄秋野

东南大学出版社
·南京·

内 容 提 要

本书对互动媒体设计的基本理念、设计方法、技能技巧以多元视角进行了全新的归纳、总结和分析。同时，通过对国际上最新研究成果、经典案例的分析以及自身创作经验的总结，从实际应用的角度提供了可借鉴的示范图例，丰富了互动媒体设计学科领域的内容，着力构建互动媒体设计专业知识结构。

全书内容分为二部分，共十二章，较为全面地阐述了数字交互界面设计和互动媒体设计系统的基本概念、设计方法、实施流程等内容。全书资料丰富、图文并茂、内容综合、分析全面、紧贴一线教学。

本书适用于高等院校设计学专业领域本科生、研究生及相关研究人员，也可作为互动媒体设计爱好者的参考书。

图书在版编目(CIP)数据

互动媒体设计 / 黄秋野主编. —南京：东南大学出版社，2011.8(2022.8 重印)
ISBN 978-7-5641-2888-3

Ⅰ.①互… Ⅱ.①黄… Ⅲ.①网页—动画制作软件，Flash Ⅳ.①TP391.41

中国版本图书馆 CIP 数据核字(2011)第 125022 号

互动媒体设计

出版发行：东南大学出版社
社　　址：南京市四牌楼2号　邮编：210096
责任编辑：顾金亮
网　　址：http://www.seupress.com
电子邮件：press@seupress.com
经　　销：全国各地新华书店
印　　刷：南京玉河印刷厂
开　　本：889mm×1 194mm　1/16
印　　张：11
字　　数：348 千字
版　　次：2011 年 8 月第 1 版
印　　次：2022 年 8 月第 2 次印刷
书　　号：ISBN 978-7-5641-2888-3
印　　数：4 001～4 600 册
定　　价：60.00 元

本社图书若有印装质量问题，请直接与读者服务部联系。电话(传真)：025-83792328

序 言

互动媒体设计是近几年来新兴起的设计门类之一，在当今社会中扮演的角色也越来越重要。与传统的单向媒体设计不同，其具有丰富生动的表现力。简洁人性化的阅读界面，让用户可以根据自己的需要随意地选择适合自己的内容。互动媒体设计最大的特色是加入了互动元素，受众从被动的接收转向主动的选择，而且接收方式也变得更加人性化。

互动媒体设计的应用领域越来越广泛，存在于科学发展、改造自然、生产、生活等所有人类涉及的领域中。从广告业到会展业，从医疗教学到工业生产，从军事模拟到数字娱乐，无处不见互动设计的身影。近年来，互动广告越来越被大众所喜爱，而互动设计更变成会展业的新宠，成为各大展台的主要展示方式。产品的数字化设计及产品的网络化展示设计，提高了产品的设计效率。目前基于手机多媒体移动平台的互动设计应用也如雨后春笋般成长起来，如邻讯网可以提供在自身所在区域找朋友、找饭店、找车位等服务，基于移动通讯的互动设计，在各类博物馆的导示系统设计上也带来了很多惊喜，将网上虚拟三维展馆与现场互动导览系统相结合，参观者通过多媒体手机便可享用展馆内的空间导航、现场解说、信息获取等多种服务功能，具有非常大的商业发展潜力。

本书可为建构互动媒体设计专业知识结构、符合互动媒体设计人员的需求而提供从设计审美到数字技术的全方位参考。本书是一本艺术与科技结合的实践性设计教材，其特点是强调学科的交叉与融合，从多元角度建构互动媒体设计的知识结构，系统归纳其设计原理。

本书由黄秋野、周晓蕊任主编和副主编，并主要完成编写结构设计与撰写工作，郭策、金霞、章立等老师参编了部分内容。在此非常感谢东南大学出版社顾金亮编审的支持和帮助。另外，台北艺术大学许素朱(小牛)教授、摩托罗拉有限公司南京分公司卢本敏先生对本书的编写给予了莫大的支持，在此表示衷心的感谢！

本书的完成参考和借鉴了大量的参考文献，再次对这些作者表示真诚的谢意！由于各种原因，所列参考文献不一定全面，在此表示歉意和深深的谢意。

黄秋野

2011 年 8 月于南京航空航天大学

目 录

第一部分　数字交互界面设计

第1章　数字交互界面 / 1
　1.1　界面 / 1
　1.2　数字交互界面 / 2
　　1.2.1　数字交互界面的概述 / 2
　　1.2.2　数字交互界面的发展进程 / 3
　　1.2.3　数字交互界面的发展趋势 / 5
　1.3　数字交互界面设计的特征 / 6
　1.4　数字交互界面的类型 / 9

第2章　数字交互界面设计的总体原则 / 15
　2.1　数字交互界面设计的前期策划 / 15
　　2.1.1　数字交互界面的市场调研策划 / 15
　　2.1.2　数字交互界面设计的诉求分析 / 16
　2.2　数字交互界面的设计原则 / 18
　　2.2.1　数字交互界面设计的任务规划 / 18
　　2.2.2　数字交互界面的设计原则 / 18

第3章　数字交互界面设计的构成 / 20
　3.1　信息布局设计 / 21
　　3.1.1　内容结构设计 / 21
　　3.1.2　界面设计的风格 / 21
　3.2　导航设计 / 22
　　3.2.1　界面中导航的作用 / 22
　　3.2.2　导航的设计原则 / 23
　　3.2.3　导航的视觉设计 / 25
　3.3　图标设计 / 27
　　3.3.1　图标的定义 / 27
　　3.3.2　图标的类型 / 28
　　3.3.3　图标的属性 / 30
　　3.3.4　图标的特性 / 32
　　3.3.5　图标的设计原则 / 33
　　3.3.6　图标设计方法 / 34

第 4 章 数字交互界面的视听艺术设计 / 36
4.1 视觉艺术设计 / 36
4.1.1 界面设计的基本构成元素 / 36
4.1.2 色彩设计 / 51
4.1.3 图像图形设计 / 59
4.1.4 文字设计 / 65
4.2 听觉艺术设计 / 70
4.2.1 主题音乐 / 71
4.2.2 命令音效 / 71

第 5 章 网站数字界面设计 / 72
5.1 网站界面设计的构成元素 / 72
5.1.1 网站的类型 / 72
5.1.2 网站界面艺术设计构成元素 / 74
5.1.3 网站界面设计的布局 / 81
5.2 网站界面设计 / 83
5.2.1 网站界面的设计原则 / 83
5.2.2 网站界面的设计流程 / 84

第 6 章 移动设备界面设计 / 86
6.1 移动设备界面的发展概述 / 86
6.2 移动设备界面设计 / 87
6.2.1 移动设备界面设计的内容及原则 / 87
6.2.2 移动设备界面设计的案例分析 / 89

第 7 章 软件界面设计 / 93
7.1 软件界面设计的构成要素 / 93
7.2 软件界面设计原则 / 97

第二部分 互动媒体设计系统

第 8 章 互动媒体设计系统概述 / 99
8.1 互动设计的概念 / 99
8.1.1 互动设计的理念 / 100
8.1.2 互动设计的特点 / 100
8.1.3 互动设计类别 / 102
8.2 互动设计创作 / 106
8.2.1 互动设计流程 / 106
8.2.2 互动设计方法 / 107
8.2.3 工作团队组织 / 109

第 9 章 互动设计的元素组织 / 110
9.1 互动媒体设计元素类别 / 110
9.2 图片元素编辑 / 110
9.2.1 元素应用场合 / 110
9.2.2 软件选择 / 110

9.2.3 编辑要点 / 111
9.3 动画元素编辑 / 112
9.3.1 动画元素的应用场合 / 112
9.3.2 动画元素软件选择 / 113
9.3.3 动画元素编辑要点 / 113
9.4 视频元素编辑 / 113
9.4.1 视频元素应用场合 / 113
9.4.2 视频元素软件选择 / 113
9.4.3 视频元素编辑要点 / 114
9.5 音频元素编辑 / 115
9.5.1 音频元素应用场合 / 115
9.5.2 音频元素软件选择 / 115
9.5.3 音频元素编辑要点 / 115

第10章 互动设计软件平台 / 116

10.1 交互界面软平台设计 / 116
10.1.1 交互界面软平台设计概念 / 116
10.1.2 交互界面软平台设计流程 / 116
10.2 互动设计软件选择 / 117
10.2.1 Director 软件 / 118
10.2.2 Flash 软件 / 118
10.2.3 Processing 软件 / 118
10.2.4 Max/MSP 软件 / 119
10.2.5 Virtools 软件 / 119
10.3 Director 互动设计基础 / 120
10.3.1 软件界面设计 / 120
10.3.2 演员的编辑基础 / 123
10.4 精灵制作基础 / 123
10.4.1 创建精灵 / 123
10.4.2 精灵属性 / 125
10.5 精灵的动画设定 / 125
10.5.1 Tween 动画 / 125
10.5.2 Cast to Time 动画 / 126
10.5.3 Space to Time 动画 / 127
10.6 交互功能实现 / 127
10.6.1 Lingo 简介 / 128
10.6.2 脚本类型 / 128
10.6.3 Lingo 基础 / 129
10.6.4 事件脚本 / 130
10.7 影片测试与发布 / 130
10.7.1 影片测试 / 130
10.7.2 影片发布 / 131
10.8 交互设计范例 / 132

10.8.1 实例功能介绍 / 132
10.8.2 影片演员制作与组织 / 132
10.8.3 影片互动功能制作 / 135
10.9 Virtools 互动展示设计 / 139
10.9.1 主要功能设计 / 140
10.9.2 辅助功能设计 / 140
10.9.3 三维虚拟原型样机的构建方法 / 140
10.9.4 虚拟原形样机操作功能的仿真模拟 / 141
10.9.5 虚拟原形样机的发布形式 / 142

第 11 章 交互界面硬件设计 / 143

11.1 交互界面硬平台设计 / 143
11.1.1 交互界面物理平台设计概念 / 143
11.1.2 交互界面硬平台设计流程 / 144
11.2 交互界面硬平台设计方法 / 145
11.2.1 计算机外设法 / 145
11.2.2 专用单片机法 / 146
11.3 Arduino 的应用 / 147
11.3.1 Arduino 的工作原理 / 147
11.3.2 Arduino 的安装 / 148
11.3.3 Arduino 的编程环境 / 148
11.4 Arduino 的编程规则 / 149
11.4.1 HELLO 程序 / 149
11.4.2 模拟信号输入 / 149
11.4.3 与应用软件连接 / 150

第 12 章 系统化互动设计实践 / 151

12.1 设计项目策划 / 151
12.1.1 项目选题策划 / 151
12.1.2 内容组织与栏目策划 / 154
12.1.3 交互流程规划与互动装置设计 / 154
12.1.4 技术测试 / 155
12.1.5 人员组成与时间表 / 155
12.2 互动系统设计实施 / 155
12.2.1 项目策划选题 / 156
12.2.2 内容组织与栏目策划 / 156
12.2.3 交互流程规划与互动装置设计 / 157
12.2.4 软硬件技术实现 / 159
12.2.5 人员组成 / 160
12.2.6 作品最终呈现 / 160
12.3 互动系统设计案例赏析 / 161
12.3.1 作品一:《Zen-Circle 互动禅修道》/ 161
12.3.2 作品二:《Zen-Move 互动禅修道》/ 163
12.3.3 作品三:《Zen-Farm 禅心农场》/ 165
12.4 总结 / 166

参考文献 / 168

第一部分　数字交互界面设计

第1章　数字交互界面

【学习的目的】
通过对界面的基本概念等基础知识进行解析,了解界面的发展历程。了解数字交互界面设计的基本特征和类型。

【学习的重点】
掌握数字交互界面设计的特征和类型。

【教与学】
采用互动式教学方式,通过提出问题、问题调研、调研发布、问题分析、共同讨论、案例解析等多种教学方式完成本章的教学内容。让学生通过调研和成果发布探寻界面的概念、特征等。并通过问题解答和案例分析使学生加深对内容的理解和掌握。

1.1　界面

"界面"的英文是interface,从生态学角度来说,"界面"是不同物体之间的接触面或者分界面,它们可以是两个物体或多个不同物体。广义上讲,是指一个层面,如分子界面、金属界面等,如图1-1。由于界面存在的方式不同,界面被赋予的意义也各不相同,例如,从产品的使用角度,人与产品之间称之为"使用界面",如图1-2;从人与人交往的角度,人与人之间称之为"交往面";人与事之间称之为"接触面"等。

图 1-1　生物结构界面　　　　　　　　　　图 1-2　产品使用界面

　　界面是人与事物进行信息交流和展示的窗口。界面也称为用户界面,是人与人、人与事物、物与物互动的媒介,是信息互动的过程中认识事物的主体。人通过视觉、听觉、触觉、嗅觉、味觉等感官获取互动过程中的信息,每个感官获取信息都有不同的界面与之相呼应。视觉感受的主要是色彩和图案,听觉感受的主要是声音音效,触觉感受的主要是肌理和温度等。由于70%的信息是通过视觉接受的,视觉感受的信息最多、最复杂、最直接,因此是用户界面研究的主体。

　　当人类进入高速发展的信息时代后,计算机成为人与事进行信息互动的主要媒介。在以计算机为主的数字技术领域,数字交互界面设计成为界面设计领域的主导。数字交互界面是指利用数字技术及其载体进行人与机器互动体验操作的媒介。一般包括文字、图形图像、色彩、窗口、菜单、图标、动画、音频、视频等内容,如图 1-3。

图 1-3　数字交互界面包含的内容

1.2　数字交互界面

1.2.1　数字交互界面的概述

　　数字交互界面是人与计算机进行互动沟通的过程,是人与机器信息相互传递的媒介,信息的输入输出是界面研究的主要任务,数字交互界面设计是界面设计发展的趋势和特点之一。

当用户操作计算机时,用户通过界面元素(图标、按钮等)的具体操作将信息传递给机器,向计算机发出指令,系统运行的结果同样通过界面以视觉或听觉方式显示在界面上,实现了人与机器的信息的直观交换。例如用户点击画面的命令,进行命令操作,机器获得指令后,作出对图片修改结果的相应反应,这些信息输入和信息输出的操作都是通过交互界面完成的,图1-4。

图1-4 人机交互的直观体现

1.2.2 数字交互界面的发展进程

数字交互界面的发展是人与机器之间沟通协调的进化。随着计算机软硬件技术的快速发展,数字交互界面得到了广泛的应用和发展。例如,Apple 的 Macintosh、IBM 的 PM(Presentation Manager)、Microsoft 的 Windows 和 Unix 的 X-Window 等界面系统都是现代成熟的数字界面系统。

1981 年,IBM 推出的第一台个人计算机(PC)上所见到的画面是黑屏幕上一行行白色的字符在闪烁,最后一行的字符停在 C:/ >上,通过有规律、有节奏跳动的闪烁提示命令运行结束,并提示命令运行的开始。这种界面专业性非常强,非专业用户很难运用,如图1-5。

图1-5 DOS 界面

苹果公司于 1984 年在屏幕启动动画中运用设计师 Susan Kare' 75 的笑脸图案,设计推出了全新的计算机交互界面,用户可以直观地了解命令运行的状态。新的界面设计为用户和机器之间建立起具有亲和力的沟通媒介,这为数字交互界面的发展起到转折性的典范,如图1-6。

微软公司在 1985 年设计推出了第一个图形化交互界面,如图1-7;1995 年微软公司在 Windows 95 中第一次加入关闭按钮;2001 年的 Windows XP 系统注重人性化,

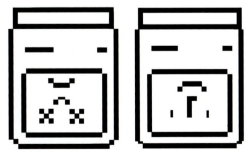

图1-6 苹果公司的屏幕启动动画

如图 1-8。目前,微软的 Windows 系统更加人性化、交互性,在界面设计中引入 3D 图标,如图 1-9。

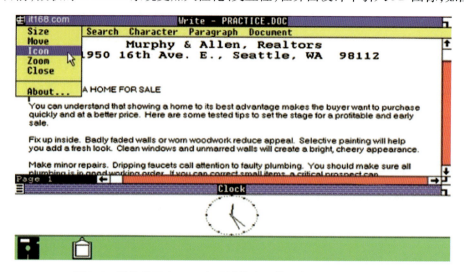

图 1-7　微软公司在 1985 年设计推出了第一个图形化交互界面

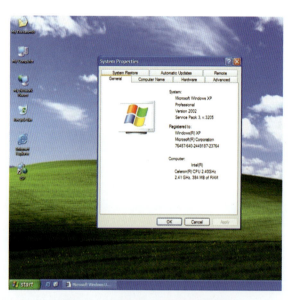

图 1-8　Windows XP 的交互界面

图 1-9　Windows Vista 的交互界面

苹果公司在 1987 年设计推出了第一款彩色用户操作系统交互界面,并在每代 Mac OS 桌面系统的设计中注重视觉的唯美,以及使用操作的人性化、直观性。苹果公司的第 6 代 Mac OS 桌面系统加入了大量的动画效果和 3D 图标,如图 1-10。

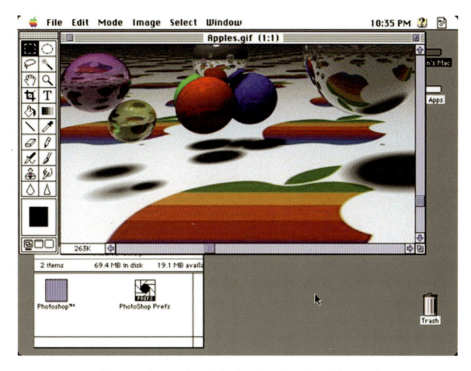

图 1-10　苹果公司在 1987 年设计推出了第一款彩色用户操作系统交互界面

目前,苹果公司的 iPhone(iPad)的界面设计采取了诸如多点触控、三轴陀螺仪、加速传感器等多项先进技术,为用户带来了更清晰、更生动、更多的动作手势、更高精确性的真实、绝妙的全新体验感受。苹果公司先进的设计和精湛的技术是数字交互界面快速发展的阶段性飞跃,如图 1-11。

图 1-11　苹果公司最新推出的 iPhone 手机

1.2.3　数字交互界面的发展趋势

随着数字交互技术和硬件设备发展的逐步成熟以及网络的广泛应用,突破了人机交互的基本障碍,构造了更和谐的人机环境。未来数字交互界面的发展趋势主要体现在以下几个方面:

(1) 三维交互技术的运用

三维交互技术克服了二维技术的限制,为用户构建了一个自然直观的三维交互环境,消除了系统界面的被动适应,增强了人机交互的体验感。三维交互技术的运用是交互界面发展的方向之一。

(2) 识别传感技术的运用

手势、语音识别传感技术已在数字交互界面中成熟应用,但表情、气味等识别传感技术的发展应用会加强人与机器的沟通,使机器能进一步了解人的情绪状态变化。

(3) 操作的简单化

图形界面的出现改变了第一代文本对话式的交互方式,画面生动直观、操作简单,省去了字符界面用户记忆各种命令的烦恼,极大地提升了人机交互的效率,并且美观实用。

1.3 数字交互界面设计的特征

数字交互界面设计是艺术与技术相结合的创造性活动。作为信息传递的媒介,功能性设计是数字交互界面设计的根本,与网络艺术、经济学、心理学及美学等领域都有着密切的联系,其设计特征主要有:

1. 整体性

为了方便用户的使用,并能全面、快捷地进行信息传递,交互界面设计的效果应基于整体性、一致性。例如,界面视觉外观应有统一的视觉形象、统一的色彩系统、系列的图标按钮以及统一的模块布局,使用户更容易操作。如图1-12,界面都有统一的视觉形象、简洁明了的导航提示;如图1-13,界面色彩以红色为主,简洁大方,以字体、大小相同的三个英文单词作为操作的图形按钮,醒目、直观,体现了数字交互界面的整体性。

图1-12　Spunk United 设计网站

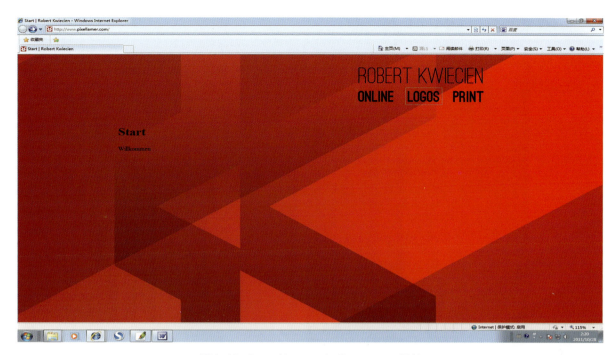

图 1-13　http://www.pixellamer.com 网站

2. 个性化

如何能在短时间内吸引用户的关注,实现信息的快速传递,并能引导用户正确地浏览和解读信息,是数字交互界面设计的关键。数字交互界面设计的个性化是指以满足用户的不同需求而进行内容布局,成功的个性化设计会给用户带来亲切感,在使用上会更方便,从而提高网站的使用效率。界面特有的内容构架、独特的界面按钮、界面的个性化设置等方面是数字交互界面个性化设计的主要内容。如图1-14、图1-15所示,界面中设计的布局利用了几何图形进行分割以及主页面与二级页面之间黑白色彩的对比,体现了博物馆的艺术性,同时展示了它的个性化。

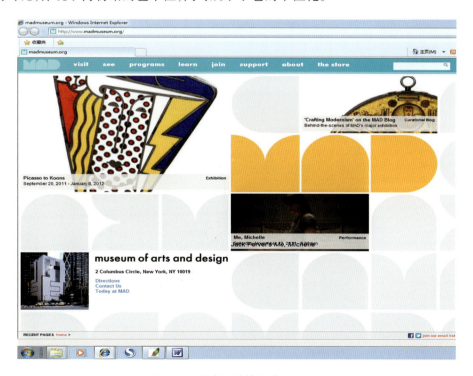

图 1-14　艺术设计博物馆网站(一)

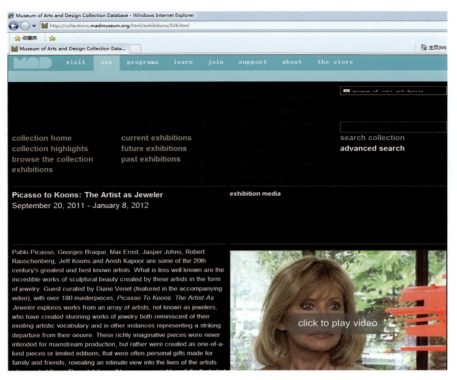

图 1-15　艺术设计博物馆网站(二)

3. 规范化

交互界面设计通常情况下按照一定的标准格式进行,交互界面设计规范化的程度越高,则易用性相应地就越好。界面设计的构成元素,如点、线、面、色彩、图形图案等所占有的数据量应有具体的标准,并且尽可能占有较少的数据量,以提高程序的工作效率。例如,Windows 界面的规范设计,即包含"菜单条、工具栏、工具箱、状态栏、滚动条、右键快捷菜单"的标准格式,在使用时更加方便,如图 1-16。

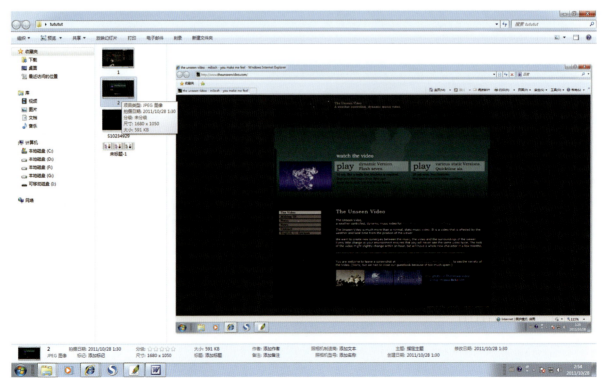

图 1-16　Windows 操作界面

4. 审美与协调性

交互界面设计要很好地把握审美和协调性,遵循设计美法则。界面的每个构成元素大小应适合美学观点,风格保持一致,视觉感觉协调舒适。界面内容布局要合理,疏密得当,有效利用空间,长宽比例协调,色彩与风格统一等,以突出数字交互界面的审美价值和艺术设计价值。如图1-17所示,界面中的文字大小、色彩面积比例协调舒适。

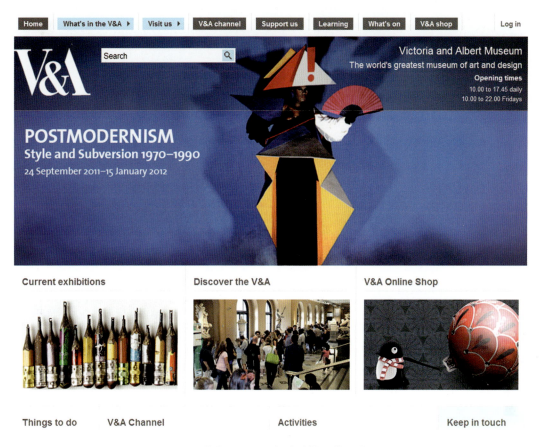

图1-17　维多利亚和阿尔波特博物馆网站界面

1.4　数字交互界面的类型

随着软件运行平台的日益丰富,数字交互界面的具体运用形式越来越多样化,其设计类型也日趋细分。

1. 根据内容的特性、用户群、设计的比重等因素,数字交互界面可分为专业型、咨询型、专题型三种类型:

（1）专业型:界面模块与构成元素较多,功能复杂,主要面向专业人士。特点是系统性、应用性强,界面视觉形象简洁明了、操作性强,易用高效。例如三维软件3D MAX、专业虚拟交互软件Virtools等,如图1-18。

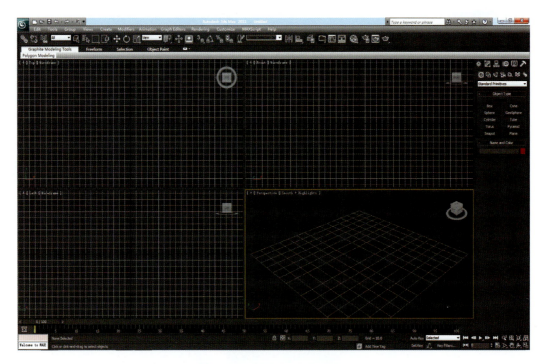

图 1-18　3D MAX 软件界面

（2）咨询型：面向大众用户群，以实时信息发布为主要任务。界面模块内容划分丰富、细致，信息量大，操作简洁实用，遵循默认的布局规则。如大型咨询性网站 sina（新浪）、baidu（百度）等，如图 1-19。

图 1-19　大型咨询性网站 sina（新浪）、baidu（百度）的界面

（3）专题型：界面构成简洁明了，用途明确，操作简单快捷，界面的视觉形象设计占有重要比重。例如各种媒体播放器软件、聊天工具等，如图 1-20。

图 1-20　X Media Player 播放软件界面截图

2. 根据人机的互动过程以及信息反馈所产生的心理反应，数字交互界面设计可分为实用性界面设计、感知性界面设计和情感性界面设计。

(1) 实用性界面设计：在符合用户浏览习惯、思维逻辑的基础上，通过具有人性化和引导性的导航进行界面操作、执行指令、发布信息，同时通过界面对反馈的信息做出反应。具有代表性的实用性界面设计是苹果移动设备(iphone、ipad)的操作系统界面设计，为我们带来了许多意想不到的创意和惊喜。它引入了基于大型多触点显示屏，可进行横向滑动切换，使操作界面一目了然。iphone4 采用了三轴陀螺仪，能够感应三个维度的变化，iphone5 将采用生物识别安全技术，只需滑动手指就可把手机解锁，不必再输入麻烦的密码。这说明数字移动界面的功能更加人性化，图 1-21。

图 1-21　iphone 界面的人性化操作

(2) 感知性界面设计：人机之间交流、沟通在视觉、触觉、听觉等感官方面的交互界面设计，包括色彩、字体、图形图像、声音等。其强调创新的操作方式和独特的界面外观设计。其中，视觉设计是感知性界面设计的重点，在进行界面视觉设计时要保证完整的视觉清晰度，界面构成层次分明，为用户提供视觉浏览线索，界面色彩与界面结构内容要协调，色彩种类不宜过多等，如图 1-22。

图1-22 Audi网站独特的视觉构成形式(一)

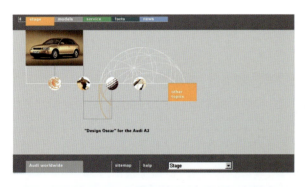 

图1-23 Audi网站独特的视觉构成形式(二)

(3)情感性界面设计:通过界面设计将产品的信息感受传递给人,让用户以界面为媒介,全方位地感受产品的与众不同,营造一种情感氛围,这种氛围将用户、界面、产品联系在一起,取得与人在情感上的共鸣。情感性是界面艺术设计的最终目标,它使界面设计更加人性化。情感性界面设计是从用户的角度出发,把握用户的使用感受,通过界面设计在用户的情感与作品主题之间架起沟通的桥梁,这样的界面设计才能更容易被用户接收。在情感性界面设计中,我们要运用美学、心理学、符号学、色彩学、宗教学等领域的知识,并能够将当前的流行文化融入其中,为界面设计提供完美的设计创意和设计方法。可口可乐公司进行品牌推广时,在网站界面设计时将时下流行的时尚文化融入其中,在获得新的年轻用户认可的同时,也增加了品牌的营销推广力度,如图1-24。

图1-24 可口可乐公司网站界面截图

另外,由于网络的快速发展和交互技术的广泛应用,网络购物已经使人在购买商品时可进行跨时空的实时体验,用户可以通过数字交互界面实施虚拟体验,感受商品的性能、功能、形状等,为用户购买商品提参考依据,如图1-25、图1-26。

图1-25 B2B平台的阿里巴巴网站界面截图

图1-26　C2C平台的淘宝网站界面截图

网络购物的种类越来越多,以阿里巴巴为代表的B2B平台、以淘宝网为代表的C2C平台等,实现了企业与企业、企业与人、人与人之间的跨时空交流,为消费者提供全新的消费行为,同时也改变着人们的生活方式。

【本章思考】
1. 谈谈数字交互界面发展趋势。
2. 谈谈数字交互界面的类型及其设计特点。

第 2 章　数字交互界面设计的总体原则

【学习的目的】
深入了解数字交互界面设计前期策划阶段的内容,并能够进行数字交互界面设计前期策划。掌握数字交互界面设计的实施过程。

【学习的重点】
掌握数字交互界面设计的基本原则。

【教与学】
通过具体的案例来分析数字交互界面设计的构成,并让学生通过对其他界面设计的调研、分析和总结,归纳数字交互界面设计的方法和原则。

2.1　数字交互界面设计的前期策划

数字交互界面设计的前期阶段主要是对界面用户的需求和市场目标进行调研分析。

2.1.1　数字交互界面的市场调研策划

数字交互界面设计的实际价值是为用户在完成任务操作过程中提供有价值、高效率的服务支持,其目标是为了用户更高效率地完成任务,即界面的人性化诉求。进行界面设计的创意构思与用户使用界面完成具体任务的思维方式相吻合时,界面的使用率就会提高,用户熟悉界面的时间就会大大缩短,完成任务的效率就会提高,而且还会引起用户对产品的关注和兴趣。相反,用户完成任务的效率就会低下,对产品就会慢慢失去兴趣。例如,一些应用型软件合理的导航及命令布局,会让用户在很短的时间内熟悉软件操作界面;简洁、直观的图标设计便于用户对软件的操作;合理的界面色彩布局,会使用户对软件产生亲近感,提升用户对软件的使用兴趣,从而提高使用效率,以达到用户高效完成任务的目标。如图 2-1,苹果公司在 iphone4 发布时,为了满足用户的猎奇心理,将 iphone4 的图片作为网站主页内容,以时尚、清晰、简洁、易懂的界面布局设计,向用户展示了产品的性能,给人以完美的视觉享受和心灵震撼,引起用户极大的兴趣,实现了网站界面的设计价值,达到了产品信息的传播效果。

图 2-1　苹果公司网站 iphone4 的产品发布界面

2.1.2　数字交互界面设计的诉求分析

数字交互界面设计的人性化诉求体现在为用户而设计。那么，界面的易用性和用户体验就成为界面设计的关键。

1. 易用性

易用性是用户使用界面是否容易的程度，这是界面设计成功的关键。在易用性方面，要遵循提高使用效率、可记忆、易学习、好归纳、易识别、标准化、有效交互等规则，如图 2-2 所示。

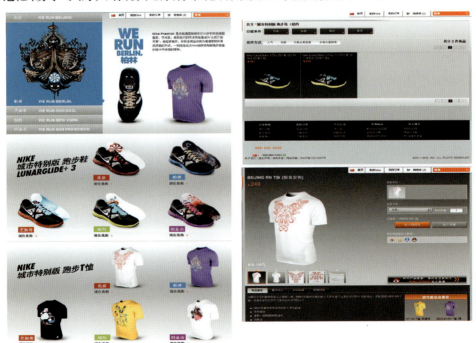

图 2-2　Nike 简洁、直观的产品介绍界面

2. 用户体验

约瑟夫·派恩和詹姆士·吉尔摩在《体验经济》一书中提出其观点：所谓"体验"就是企业以商品为道具，以服务为舞台，以顾客为中心，创造出可以使消费者全面参与、让消费者感到值得回忆的活动。界面的用户体验是用户在使用产品时对界面所建立起的心理感受，体验的核心就是用户参与，具有不确定性。建立好的用户体验应注意：

① 以用户的需求为主导，强调用户的舒适感受；
② 界面适用范围广，易操作，但不失专业性；
③ 信息反馈效率高，但识别性能要准确；
④ 实现体验的方法和手段要广泛，如环境、色调、声音、视频等因素；
⑤ 界面易于浏览，强调吸引性；
⑥ 界面要给用户心理上的良好体验，强调友好性；
⑦ 建立用户信任感，强调可靠性。

如图2-3，蒲蒲兰绘本馆网站的界面设计以突出全新的儿童文化和绘本文化，给儿童一个丰富多彩的文化世界为设计理念。设计上运用丰富的色彩和柔美轻快的线条，给用户以童趣、活泼、轻松的欢快感觉。书店展示界面运用了大量展厅图片，为儿童塑造了轻松舒适的阅读环境，突出亲和感，如图2-4。

图2-3　蒲蒲兰绘本馆网站的界面设计

图2-4　蒲蒲兰绘本馆的书店展示界面设计

2.2 数字交互界面的设计原则

数字交互界面的设计实施主要是在前期策划、分析的基础上,建立一个界面设计任务的整体构架,目的是在进行界面设计时要遵循细致、严密的逻辑系统,使各个界面的设计合理、协调。

2.2.1 数字交互界面设计的任务规划

整个界面设计就像一个系统的形象设计,设计表现是多种艺术形式的组合,通过设计表现让用户能很快了解产品的各项功能,例如网站和游戏的结构和主体内容、软件各部分命令的功能。

界面设计任务规划是指在产品界面设计实施前对产品界面设计进行调研、分析、目标定位,然后确定界面的内容和结构功能,并对界面设计要素(如版式、色彩、字体、图标、音像等)进行风格定位,并对界面设计中所涉及的软硬件技术、费用、测试、维护等做出计划,如图2-5。

数字交互界面设计的任务规划对网站建设起到了计划和指导的作用,数字交互界面设计是否成功,与界面内容、结构的设计任务规划有着极为重要的关系。首先要明确产品的主要目标、使用功能、界面的规模及设计表现形式。通过周密的设计任务规划,使界面设计更加完善,设计风格定位更加准确,导航结构更加合理准确。避免在界面设计中出现很多问题,对网站的内容和维护起到定位作用。

图2-5 界面设计的任务规划

2.2.2 数字交互界面的设计原则

1. 界面设计调研与定位分析

(1)对涉及相关数字界面进行考察、调研,收集相关资料等信息,并对其进行整理、分类,归纳现有数字界面设计的结构、内容、特点、重点、设计规划的理念、设计类型,进而总结出数字界面设计的特点和一般规律。

(2)对产品的特点、自身条件进行分析,分析产品界面建设内容的基本概况、行业优势,通过界面设计提升哪些竞争力以及进行界面设计。

2. 数字界面设计的目的及功能定位

数字界面设计的目的是将产品内容及用户需求能够直观、快捷地展示给用户,为了更好地展示产品内容,更方便、更直接地为用户提供服务,进行更理性的人机交互,实现产品内容的延伸拓展。

3. 数字交互界面设计的表现方式

(1)方便操作

设计时应本着让用户更方便、更直接地进行操作的原则。首先,用户在操作界面上选取某个对象时,能够在界面上直接看到该对象。同时,执行对象操作时要呈现实时状态,避免出现让用户处理琐碎的流程。

(2)点对点操作

在进行操作时,尽可能简化操作流程,用户选取点击对象进行命令操作,执行的命令都显示在操作菜单中,无需过多对操作流程进行记忆,只要进行选取操作即可,所以在界面设计时要尽可能简化操作流程的设计。

(3)沟通与反馈

作为界面设计师,在进行界面设计时要考虑用户在操作界面时,随时知道自己所处的状态。当用户进行命令操作时,应让用户了解命令执行的状态,并用动画的形式显示执行的状态以及相应的反馈。

(4)视觉形式美

要想让用户喜欢登陆并能长时间愉快浏览界面,在视觉上就应遵守视觉设计原则。应合理安排界面视觉元素,保障视觉元素在界面具有较好的展示效果和具有较高质量的显示技术。在屏幕上要保持图形的单纯性,不要在屏幕上堆砌得太多,不要添加过多图标或对话框,以免给用户带来视觉上的混淆和困扰。

4. 数字交互界面设计的技术解决方案

(1)确定界面存在环境方式。根据产品的需求特点,确定界面的技术存在方式,例如,网站界面的技术环境是采用自建服务器,还是租用虚拟空间。

(2)操作系统的选择。主要目的是分析投入成本、功能、开发、稳定性、安全性及方便维护等。

(3)界面系统的解决方案。确定网站是采用现有上网方案(如 IBM,HP 等),还是自己开发。

(4)界面设计相关程序确定。如网页程序 ASP、JSP、CGI、数据库程序等,苹果公司 iphone/ipad 的 IDK 等程序。

总之,优秀的数字交互界面设计要遵循界面视觉设计法则、用户使用认知度、命令操作协调性等因素,增强界面的人性化诉求。由于界面功能的诉求不同,其设计法则也各有不同,应保证界面设计"以用户为中心"的人性化。

【本章思考】

1. 分析数字交互界面设计的任务规划内容。
2. 了解不同数字交互界面设计的特点,归纳数字交互界面的设计原则。

第 3 章　数字交互界面设计的构成

【学习的目的】

了解数字交互界面设计的基本构成元素,掌握利用界面元素进行整体界面构成设计的基本方法,并能够对不同风格的数字交互界面的构成元素特点进行分析和整体界面构成的策划及设计。

【学习的重点】

掌握整体界面构成的策划和设计方法。

【教与学】

通过具体内容的讲解和案例来分析阐述整体数字交互界面设计方法,在教学中穿插优秀案例解析、分组讨论、快题设计等,让学生对数字交互界面设计的基本构成元素有深入理解并能够进行设计创作。

数字交互界面中作为与客户最直接交流的层面当属视觉界面。界面中包含丰富的构成元素,为用户提供视觉、听觉、触觉等交互功能,成为数字交互界面中的交互构成元素,例如,界面中的色彩、图形图标、菜单、导航条、按钮、窗口等。

数字交互界面设计是一个系统性设计,其综合性强,涉及多学科的相关知识。一个简单的按钮设计可能涉及多个相关程序,按钮的形状、尺寸、色彩、位置等都涉及设计是否合理,影响到用户使用的物理损耗与使用时间的浪费,如果设计不合埋,则会给用户的使用带来不便,甚至使用户失去使用兴趣。因而在进行数字交互界面设计时要充分考虑界面的视觉设计(色彩、图形等)、交互的性能方式设计(人际互动的手段)、实用性设计(界面使用的方便快捷)等方面的数字交互界面设计的基本构成元素,如图3-1。

图 3-1　数字交互界面的元素构成

3.1 信息布局设计

3.1.1 内容结构设计

内容结构设计是数字交互界面设计的基础,是指根据用户的需求进行研究分析,将界面的功能组织形式、视觉表现方式等进行描述,形成界面的整体构架,并根据内容和形式进行结构和模块的划分,以方便界面设计后面的各项工作,同时对用户使用和技术实现进行评估,如图 3-2。

图 3-2　动态网站客户端信息输入系统的结构

3.1.2 界面设计的风格

为了给用户以方便、快速、轻松、舒适的感觉,在进行界面的结构设计时要对界面的设计风格进行确定,以增强界面对用户的亲和力。界面的设计风格的确定一般受内容和技术的限制。设计师要考虑产品的运行效率和稳定性,注重对设计中细节部分的处理,建立风格独特、可用性强、具有亲和力的设计风格形象。例如,苹果公司的 Mac 界面与微软公司的 Windows 界面所形成的两种风格独特的界面设计,为方便用户使用提供了风格各异的设计表现,形成了软件界面设计风格的两大主流,如图 3-3、图 3-4。

图 3-3　Apple 公司 Mac 界面的设计风格

图 3-4　微软公司 Windows 界面的设计风格

3.2　导航设计

数字界面的信息构架中,导航菜单是重要的组成部分,让用户更容易地找到需要的信息是导航的主要功能。导航设计的主要目的是对界面导航合理优化,使导航对用户起到很好的引导作用。

3.2.1　界面中导航的作用

网站导航的最终目的就是帮助用户在第一时间内找到他们需要的正确信息,目前搜索引擎的类型很多,在国内使用广泛的有百度、Google、搜狗、雅虎等网站的搜索引擎,这些网站的设计直观明了、简约大方,将网站导航的作用充分表达出来,如图 3-5、图 3-6。一般情况下,导航的主要作用为:

1. 为用户提供站点地图,显示用户的当前位置,给用户固定的感觉。提醒用户浏览相关的页面,并引导用户实现页面间的跳转。

2. 对网站各内容与链接间的联系进行清晰的分类和标签。逻辑清晰的网站内容索引表、地图以及辅助导航,展现了整个网站的目录信息,帮助用户轻而易举地找到相关的检索内容。

3. 为访问者作出提示,提示访问者如何到达当前页面,并显示网站上其他内容,吸引访问者的关注。

图 3-5　雅虎网站的搜索引擎

图 3-6　搜狗网站的搜索引擎

3.2.2　导航的设计原则

导航系统在设计上通常要遵循快速识别、视觉上简洁明了、形式与内容协调一致等基本原则,下面就导航的设计原则进行详细的阐述:

1. 为用户尽可能多地提供获取信息的链接方式

网站上会有很多的信息,用户如何搜索到需要的信息,需要提供多种查询方式供用户选择。网站可以为用户提供一些相关资源的搜索放置在页面上,以提醒用户选择。当你进入产品的网站,打算购买某一产品时,可以通过首页导航进行名称、性能配置、参数、图片等方式搜索,全面了解产品特点,然后再进一步选择产品。例如,打算购买惠普电脑,通过搜索各种机型的配置、价格、外观图片,可以在主页上得到产品的初步信息。如果对 HP 的一款笔记本感兴趣,可点击该产品的图标进行次级页面的链接,详细了解产品,如图 3-7。导航设计为用户提供了简洁、清晰的信息连接方式。

图 3-7　HP 网站的产品信息查询方式

2. 协调一致性原则

为了用户便于操作,界面整体设计风格要保持协调一致,导航元素及设计风格需要与界面的设计风格保持一致性。导航元素的整体布局、图形图像的造型、画面色彩、图标按钮的尺寸比例等要前后一致。同样的元素应该用同样的命名,同类元素命名满足一致性,如图3-8。

图3-8　macys网站导航元素与界面设计风格的一致性

3. 去除无效导航,最大限度地降低用户的付出,优化导航设计

导航的结构和功能并不是越复杂、越多就越好,其原则是只要提供够用、有效的导航就行,用户并不愿意在点击很多界面后才找到自己所需要的内容。如果用户经常需要在导航页中逗留一段时间才能找到自己想要去的地方,那么也许导航页就失去了其最根本的价值。反之,当用户能够快速、清楚地找到自己需要的信息时,则更愿意点击进入。因此在设计时要提高导航的利用率和实现度,去除无效导航,精简导航设计,提高导航使用效率,如图3-9。

图3-9　macys网站直观、有效的导航设计

3.2.3 导航的视觉设计

1. 导航视觉设计的基本元素

分为站点标志、导航栏目、当前页面导航（二级导航、三级导航等）、底端导航等。

- 站点标志

出现在站点页面可视层次的首要位置，便于用户识别，且在每一个页面上都有显示，是页面最显眼的内容，形成对页面的第一印象，如图3-10。

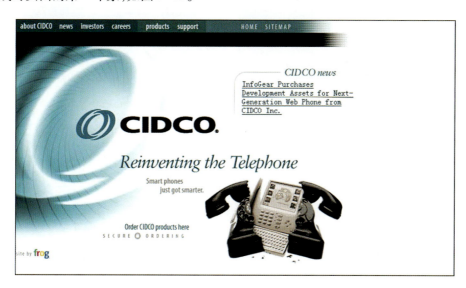

图3-10　CIDCO网站的标识

- 导航栏目

导航栏目也称导航条，是到达站点主要栏目的链接。清晰明确的导航系统都设有提示明确的导航连接点，可以随时地、自由地跳转到其他想去的页面上。导航系统要操作简洁易懂，层次简单化，力求以最少的点击次数链接到想要的内容，如图3-11。

在进行导航系统设计时，要确定合理的导航区域，在视觉上本着完整、清晰、醒目的原则。为了让用户在最短的时间内完整地看到导航栏目的内容，导航区域一般要在"第一屏"就能够完整地显示出来。

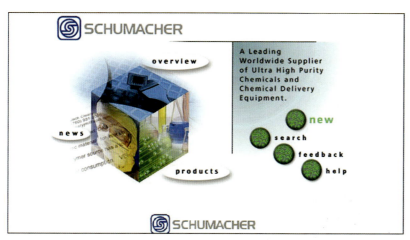

图3-11　SCHUMACHER网站的导航栏

2. 导航系统设计的视觉图形化

为了让用户更容易识别和接受导航系统的内容，导航系统设计应尽可能地视觉图形化。导航系统设计的视觉图形化会让界面信息传达效果越来越好,更容易识别和被接受。信息传达的效果会更好,如图 3-12。

图 3-12　法拉利网站导航系统的视觉效果

● 导航图像

为了更直观、快速地识别导航内容,利用图像为导航按钮进行链接,在视觉上优于文本链接,但图像下载时间长,速度慢。通常情况下如前进、后退、清除、搜索等可用导航图像链接,如图 3-13。

图 3-13　图像作为导航按钮

图 3-14　导航图标

●导航图标

顾名思义,导航图标的特点是尺寸小、突出符号感,在屏幕上占有的区域是最小的。随着对图标的普遍认识,一些通用的图标设计造型被普遍接受,例如,"垃圾桶"、"打印机"、"帮助"等。导航图标的设计必须遵循相关原则,如图 3-14:

  a. 尺寸小、简洁。图标的尺寸大小本着尽可能小的原则,做到大小适度。
  b. 易识别、清晰易懂、形式与风格统一。
  c. 符号化强。使用一些约定俗成的符号或语言,图形表达要高度概括。
  d. 隐喻的合理性。注意图标符号意义的文化性。

3.3 图标设计

图标通常被认为是诸如文本、存储介质、文件夹、应用程序等对象的图形图像的替代符号,象征事务的属性、功能、主体或概念。其特点是能快捷地传递信息,具有象征性、直观性、易识别性和记忆性,讲究一目了然,如图 3-15。

图 3-15　图标的象征性、直观性、易识别性和记忆性

3.3.1 图标的定义

图标由图形图像变化而来,是通过小尺寸等属性格式代表一个文件、程序、命令、界面等具有指代意义的标识性质的图形。图标的主要目的是引起用户的注意,帮助用户更有效地吸收和处理信息,引导用户快速识别文件命令,并能在最短的时间内执行命令,具有高度浓缩并快捷传达信息、便于记忆等属性。图标的使用让界面显得友好、更吸引人。图标有具体的标准要求,根据界面的尺寸、运行平台的需要,图标有标准的大小和属性格式,一般追求小尺寸。图标的种类很多,通常情况下分为计算机图标、网络图标、游戏图标、软件程序图标和移动设备图标等,如图 3-16。

由于受界面尺寸大小的限制,图标的设计有着严格的要求,其尺寸、大小、格式、识别属性等都受到限制。一般情况下,为了界面排版的整齐,图标的形状以方形构图为主,位置相同,图标的尺度也相同,且尺度特别小。例如,Windows 图标最大为 64×64 像素。Macintosh 图标最大为 128×128 像素。另外,根据具体环境的要求,图标的大小还可分为:1bit、4bit、8bit、16bit、32bit 等不同的色彩深度,如图 3-17。

图 3-16　网络图标、游戏图标

图 3-17　图标的大小变化

3.3.2　图标的类型

根据系统属性的不同,图标的类型可分为以下几种:

① 程序图标:是指在桌面上能够单击选择,并可任意移动,双击可执行命令的图标,如图 3-18 所示。

图 3-18　程序图标

② 工具栏图标：在工具栏中，通过单击选择该工具，然后可进一步执行命令的图标，如图3-19。

图3-19　工具栏图标

③ 按钮：在面板中，能够代表具体事务、单击可执行命令的图标，形似生活中的按钮。按钮设计的关键是使用户最快获得所需信息，如图3-20。

图3-20　按钮图标

根据操作系统的不同，图标还可分为Windows图标和Macintosh图标；同一系统中，图标还可分为系统图标和应用程序图标，如图3-21。

图 3-21　Windows 和 Macintosh 图标

3.3.3　图标的属性

图标由于受具体应用条件的限制,有其自身的属性。

① 图标尺寸(像素)

Windows 系统的图标尺寸一般为 48×48 像素、32×32 像素、24×24 像素、16×16 像素;Mac OSX 的图标尺寸根据使用和显示的状态不同,尺寸大小差异较大,最大达 128×128 像素,最小可达 16×16 像素,如图 3-22。

图 3-22　尺寸大小差异

其中,Dock 具有图标放大缩小功能,这是 Mac OSX 的独特一面,如图 3-23。

图 3-23　Mac OSX Dock 的独特功能

② 图标的色深度

根据产品显示设备的不同,图标的色彩深度也各有不同。一般情况下,设备具有向下兼容性,黑白图标可以在真彩色显示器上显示,相反,彩色图标在黑白显示器上就很难达到预期的效果。1bit 图标就是黑白两色(2^1),2bit、4bit、8bit、指的是索引色(Indexed Color),分别对应 4 色(2^2)、16 色(2^4)和 256 色(2^8),24bit 就是($2^8 \times 2^8 \times 2^8$)。Windows XP 系统支持 32 位图标,边缘非常平滑,且与背景相融合,每个 Windows XP 图标应包含三种色彩深度,以支持不同的显示器显示设置,一种是 24 位图像加上 8 位 alpha 通道(32 位);一种是 8 位图像(256 色),加上 1 位透明色;最后一种是 4 位图像(16 色),加上 1 位透明色,如图 3-24。

图 3-24　Windows XP 32 位、8 位和 4 位图标

③ 图标色彩

图标色彩和色彩深度的关系比较密切,它关系到图标的外观,如今的 Mac OSX 和 Windows 系统都支持真彩色图标。Mac OSX 的图标色彩是标准的 256 色,Windows 系统图标的用色非常有限,以下颜色是 Windows XP 系统图标中使用的主要颜色,如图 3-25。

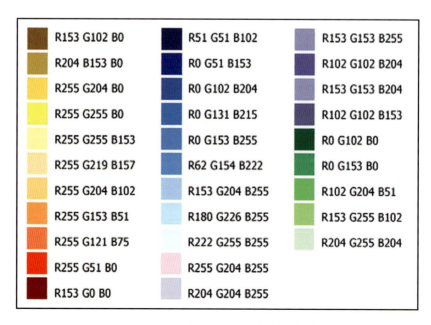

图 3-25　Windows XP 系统图标中使用的主要颜色

3.3.4 图标的特性

① 图标的直观性

一些图标可以直接体现事物的自然特性或内涵,吸引或引导用户,给人以直观具体、清晰活泼、亲切生动和可信任之感,使图标的使用一目了然,以此赢得用户的喜爱。在图标设计中直观性是最突出的。与文字相比,图标更直观,更美观,提升了界面的可用性和视觉效果,如图3-26。

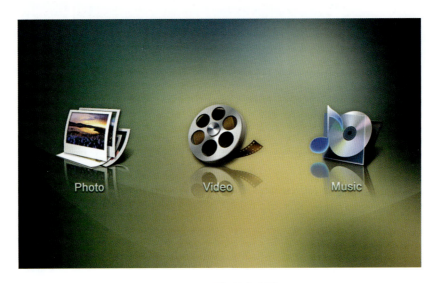

图 3-26　图标的直观性

② 图标的抽象性

运用点、线、面及几何图形中的图案(如圆形、三角形、方形)及虚实关系形成间接而生动的抽象图形,为用户留下丰富的想象空间。图标的投影和色彩变化使其更具立体感,并加强了对比度,如图3-27、图3-28。

图 3-27　图标几何图形中的图案　　　　　　图 3-28　图标的抽象性

③ 图标的符号性

在界面设计中,当事物以一定的形态形象出现时,这种形态形象在视觉上就形成一个具有一定意义和内涵的符号。它将图形图像和某种事物的信息或内涵相联系在一起,为用户提供相应的联想与判断,具有象征性与指示性。图3-29中,两种类型的图标的含义是一致的,都能被认为代表垃圾桶。

图 3-29　图标的符号性

3.3.5　图标的设计原则

① 易识别

界面中图标的设计价值就是在视觉上产生强烈的易识别性,所以,图标设计的关键是图标能否在第一时间内被准确地识别,而形式美并不是关键的。因此,完美的图标设计能够让用户轻易识别图标的含义,并在以后再出现时能够迅速识别并使用,如图 3-30。

图标要明确它所代表的含义,能准确表达相应的操作。为了便于识别,图标设计应直接、简单,不要使用过于复杂的图标。图标的视觉元素越多,所代表的含义可能就越多,这为用户的解读带来不便,而且识别性也越差。

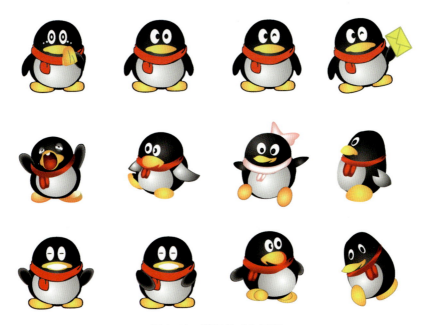

图 3-30　腾讯的 QQ 图标

② 一致性

同一图标家族中,图标尺寸以色深度的变化为主。大图标和小图标看起来要相似,不同色深度的图标感觉上要差不多,以强调同一图标家族的一致性,如图 3-31。

同一系统的不同图标,在风格上要保持一致,形成系列性,使图标之间看起来非常相似。如,在质感、造型、色彩等方面,使图标有一定的关联性,从而保持一致性,如图 3-32。

图 3-31　图标家族的一致性

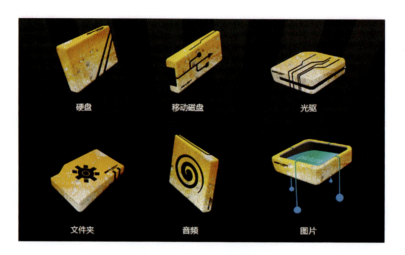

图 3-32　图标的关联性

③ 图标设计尽量避免使用文字

由于界面中图标的体积比较小,以及文字具有文化差异性,识别性差,因此在图标设计中尽量避免使用文字,保持图标的直观性。

④ 图标为显示而设计

图标设计应为目标使用显示而设计,图标要根据像素点来显示图形图像,以达到最好的视觉效果。

⑤ 唯一性原则

每一个图标所代表的含义应是唯一的,避免产生歧义。

3.3.6　图标设计方法

① 明确设计对象的特征。进行图标设计时要充分考虑用户能立即辨认图标,将图标的内容特征尽可能表达出来,做到一目了然。

② 图标设计要把握一致性、系列性。图标设计的一致性、系列性的把握应注意以下方面:

由于图标的应用环境不同,同一系列的图标会产生大小、色彩变化,甚至会发生对图标外观的微调,此时要本着图标的大小、色彩的相似性原则。

同一系列的图标往往存在差异,为了保持一致性,在风格上立足统一,例如,表面材质的一致性、色彩变化的一致性、造型手段的一致性等,以追求视觉效果的完美。

③ 图标绘制格式的选择。图标绘制格式分为矢量图和标量图。矢量图的特点是文件体积一般较

小,矢量图形的最大优点是无论放大、缩小或旋转等都不会失真,便于形成视觉效果很棒的可缩放图形。标量图标是以像素表达,放大后标量图标就会模糊,不能像矢量图标那样放大后不失真。一般情况下,如果图标很小,用矢量图标进行绘制,有些结构和形状很难表达,这时用标量方式进行绘制,可以保证图标结构和形状的合理性。

④ 图标设计的文化差异。由于风俗文化、宗教信仰、民族特色的不同,在进行界面图标设计时要考虑文化的差异。

【本章思考】

1. 数字交互界面设计的内容构成。
2. 图标设计的类型及其特性。

第4章　数字交互界面的视听艺术设计

【学习的目的】

通过对数字交互界面设计中视觉与听觉艺术内容的介绍分析,让学生了解和掌握数字交互界面视听艺术设计的内容构成和设计方法,并通过多角度进行视听艺术设计训练,使学生能够熟练掌握从艺术形式美的角度进行数字交互界面设计。

【学习的重点】

掌握数字交互界面视听艺术设计的内容构成和设计方法。

【教与学】

教学中先提出问题,通过学生分组调研、讨论、成果发布等形式提升学生的兴趣,然后针对学生存在的问题结合教学内容进行深入讲解,并进行设计创作练习。

数字交互界面艺术设计的最大特点是设计具有动态性。视觉与听觉的信息是动态可变的,具有趣味性的反馈,形成多维信息交互,这与传统的视觉传达设计有着很大的不同。随着数字技术及其载体的迅速发展,数字交互界面艺术设计已经成为文化、艺术与技术相结合的综合性艺术设计新领域,已经在网络、软件、多媒体、游戏等界面设计中得到不同的体现。

4.1　视觉艺术设计

4.1.1　界面设计的基本构成元素

点、线、面是数字交互界面设计的基本构成元素,不管界面安排如何复杂,都可以简化到点、线、面上。数字交互界面具有不同的艺术和情感特征,可通过点、线、面的不同组合来体现数字交互界面的艺术情感特征。数字交互界面中的每一个构成元素都体现着不同的艺术情感,点、按钮、文字等都传递着界面内容,合理地安排点、线、面,可设计出最具视觉艺术特征的交互界面。

1. 点

(1) 点的特征

点是一切形态的基础,是最基本和最重要的元素。点在造型设计上有位置、大小之分,是空间位置的视觉单位。点可以有各种各样的形状,有不同的面积、空间位置和动态聚集,这些是点最重要的功能。在二维空间内,与其他元素相比,点的视觉吸引力最强,如图4-1。

在界面设计中,点的特点与平面设计中的点基本相同,是相对于线和面存在的。点是相对而言的,在界面中,相对较小的视觉形象是点,例如图标、按钮等。点通过形状、大小、位置、聚散、虚实等在界面设计中形成不同的视觉美感,同时,演变成不同的视觉心理感受,如图4-2。

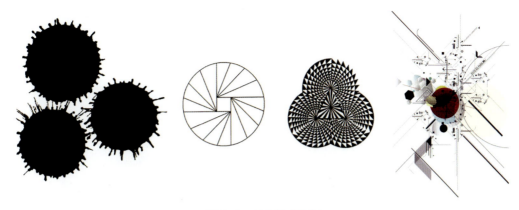

图 4-1　点的形式特征

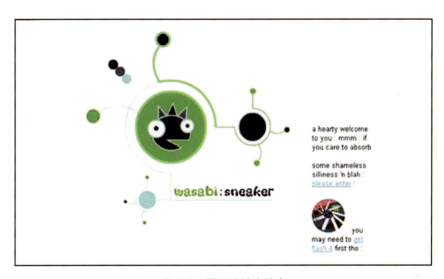

图 4-2　界面设计中的点

（2）界面设计中点的作用

① 点有张力作用，具有方向感。点在视觉上具有收缩性，能够形成视觉的中心，从而引起视觉上的关注。一定数目、大小不同的点，按一定秩序排列，可产生节奏、韵律感、秩序美，点的大小排列具有方向性，并能够引导视觉沿着点的方向移动，如图 4-3、图 4-4。

图 4-3　点的方向性（视觉中国网站界面）

图 4-4　点的秩序美

② 两点存在适当位置,大小对比较大的两个点放置在近距离的位置,由于点的张力作用能够形成线的感觉,其中面积较小的点受到较大点的吸引,在视觉上产生从小向大移动的感觉。三点按一定位置安排,具有形状感,如图4-5。

图4-5　点的吸引力

③ 点有规律排列或聚集,可形成面的感觉,点形成的面是虚面,可构成不同形状的面形,如方形、圆形、三角形等;在不同位置上按照大小、形状以及色彩有目的排列,可产生空间立体感,如图4-6。

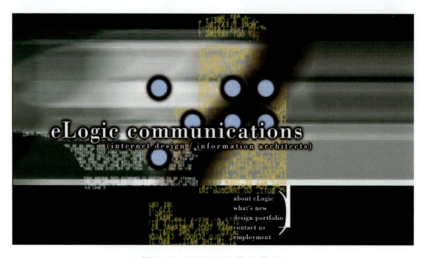

图4-6　ELOGIC网站界面

④ 点的空间变化。在界面设计中,大小不同的点在不同的位置形成运动和深远不同的空间关系,并有三维的感觉,给人不同的心理感受。例如,点在界面中下方,让人产生稳定、安全、平静、庄严等心理感受;如果点在界面画面中的上方就会让人产生动感、不稳定、飘动的心理感受;如果点在界面画面中的左上侧对角线附近,就会让人产生向右下方移动的感觉;如果点在右侧对角线位置,会让人产生动静结合的视觉美感,构成形式与内容相协调的位置关系,如图4-7。

图 4-7 Font Explorer 网站界面

⑤ 点的视错觉。随着点的大小、明度、色彩等变化会产生近大远小的视觉错觉变化,如图4-8。

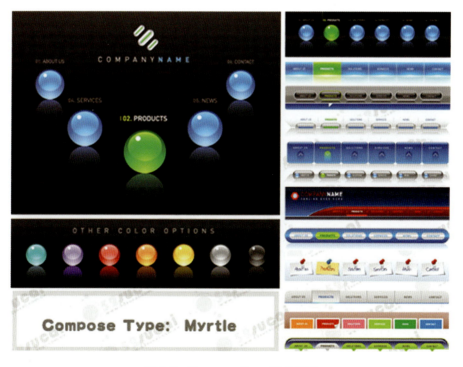

图 4-8 Company Name 网站界面

2. 线

（1）线的特征

在造型艺术上,线是点移动的轨迹,有粗细、长短、方向、形状、质量、情绪等特征,视觉导向是线的基本特征。线能够引导人的视线运动,因此线是运动而非静止的。线是分割页面的主要元素之一,是决定页面现象的基本要素。线具有极强的情感和表现力,可表现强烈的个性特征和艺术效果,能给人不同的情绪感觉。它能决定形的方向,是形体构成的基本元素,可以形成形体的骨骼。许多物体构造都由线直接完成,复杂交错的梯田河流、无限延伸的铁轨、粗细变化的树枝,都引起我们对线的关注,体现线的不同表现力。与面相比,线更具速度与延伸感,在力量上更显轻巧,有韧性,如图4-9。

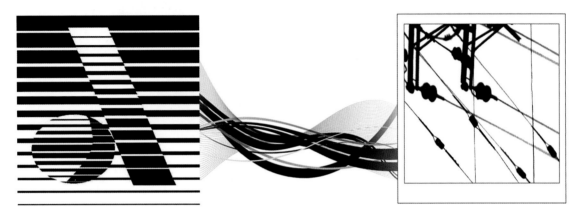

图4-9　线的形态特征

（2）线的种类及特性

① 线的种类

直线:粗直线、细直线、锯状直线、垂直线、水平线、斜线。

曲线:几何曲线、自由曲线、漩涡线。

折线:几何折线、自由折线。

② 线的特性及在界面设计中的作用

a. 直线:一般情况下,直线给人简单、简洁、直接、明了的感觉,有男性刚直的特征,体现力量的美感。直线的适当运用对于作品来说,有标准、现代、稳定的感觉,如图4-10。

图4-10　千年翠钻的网站界面

水平直线给人开阔、安宁、舒缓、平静、沉稳和无限延伸的感觉,使页面设计具有平衡美。垂直线给人庄严、崇高、上升、下降、公正的感觉,体现直接、明确的寓意,如图 4-11。

图 4-11 ELOGIC 网站界面

斜直线具有动力、不安定、速度和现代意识,方向感强;垂直线具有庄严、挺拔、力量、向上的感觉,如图 4-12。

图 4-12 斜直线在界面设计中的作用

b. 曲线:体现柔软、优雅、流畅的女性美特征,但也有混乱、病态的特点。曲线中表现情感造型最好的手段是自由曲线,如图 4-13。

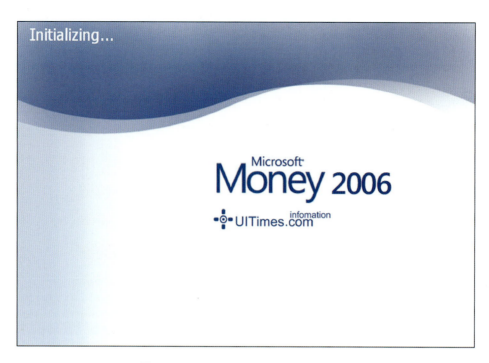

图 4-13　Microsoft Money 2006 网站界面

在界面设计中,自由曲线的运用,打破了水平线的严肃和单调,给用户一种强烈的动感和轻松感,体现了丰富、流畅、活泼、轻松的气氛。排列整齐的曲线给人流畅、舒适、紧张、亲近的感觉,可让人想象到流水、柔软的头发、羽毛等,有强烈的心理暗示作用;而曲线的不整齐排列会使人感觉到自由、无序甚至混乱,如图 4-14。

图 4-14　自由曲线的活泼、轻松感觉

折线:给人尖锐、生硬、刚强的感觉,方向感强。在界面设计中,折线的应用体现了很强的视觉导向,引导用户寻找下一级命令,如图 4-15。

图 4-15　折线的特征

c. 线的对比

线的排列。线以长短、疏密、方向等不同的方式排列，能够形成丰富的版面效果，在界面设计中水平线的重复排列可形成一种强烈的形式感和视觉冲击力，容易吸引眼球，让用户在第一时间产生兴趣，实现吸引用户注意力的目的，如图 4-16。线以不同长短垂直有序排列可形成纵深感和空间感，如图 4-17。

图 4-16　水平线的重复排列

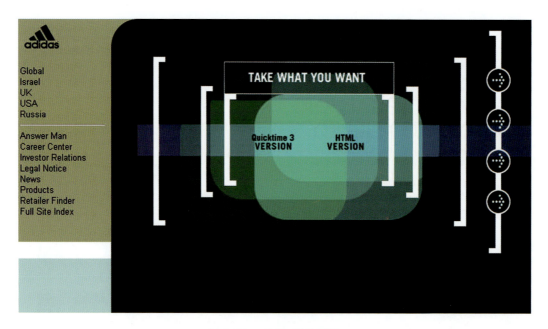

图 4-17　adidas 网站界面

线的曲直对比。画面中线的曲直对比给人以动感、时尚、脱俗、活泼的视觉效果,如图 4-18。

图 4-18　视觉中国网站界面

线的粗细对比。线具有两端形状任意变化的特点,可以为界面设计带来不同的视觉效果。细线给人精细、尖锐、高端的感觉;粗线带来的是稳定、秩序、方向的感觉。例如,垂直粗线给人以厚重、压力、亲近的感觉;水平粗线带来的是平稳、开阔、可靠的感觉,如图 4-19、如图 4-20。

图4-19　Sofitek 网站界面

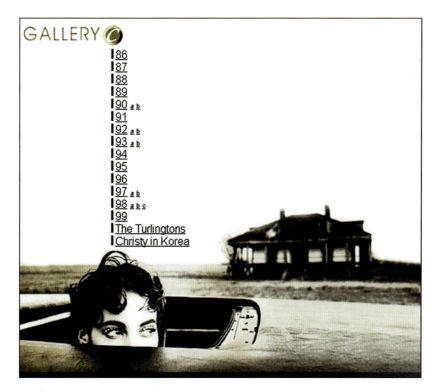

图4-20　垂直粗线给人以厚重、压力的感觉（GALLERY 网站界面）

水平与垂直的对比。水平与垂直直线的对比,形成视觉的焦点,给人以紧迫感、速度感、科技感。在界面设计中水平与垂直线的对比往往会将页面分割为几个部分,此时要注意分割页面的比例关系,以保证页面的整体感,如图4-21。

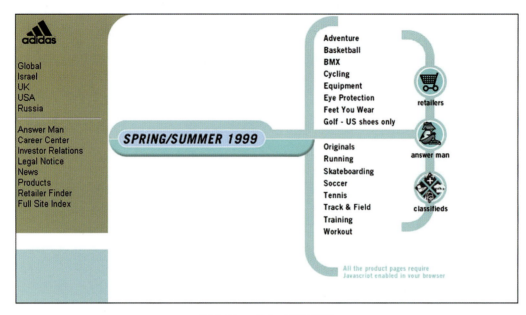

图 4-21 adidas 网站界面

3. 面

（1）面的特征

线的移动轨迹形成面，线的重复有秩序的移动或按一定方向变动形成面。垂直线的平行移动形成方形，直线的回转移动形成圆形，斜线的平行移动形成菱形，直线以一端为中心，进行半圆形移动形成扇形。面形成的决定因素在于轮廓线。面有形状、长度、宽度、面积、位置、方向，但无厚度。

与点相比，面是一个平面中相对较大的元素，点强调位置关系，面强调形状和面积，点和面之间没有绝对的区分，在强调位置关系更多的时候，我们把它称为点，在需要强调形状、面积的时候，我们把它看作面，如图 4-22。

图 4-22 点和面的关系（paul 网站界面）

（2）面的分类

面可分成：直线形、曲线形（规则）、自由曲线形和偶然形四大类。

a. 直线形：具有直线所具有的视觉心理特征，有明快、简洁、安定、理性、秩序觉。例如，正方形具有安定的秩序感，体现男人的性格特征。

b. 曲线形（规则）：它比直线形柔软，具有理性的秩序感，既具有纯朴的视觉特征，又具有自然、流畅、柔和、整齐的美感。

c. 自由曲线形：它相对自由、不规则，体现设计者的个性，能有意识创作出独具情趣，并给人以温暖的某些形态，在视觉心理上可以产生优雅、柔软、飘逸等感觉。

d. 偶然形：偶然产生的形态，非人力能完全以主观意志控制结果，具有朴素而自然的抽象美感。

（3）面在界面设计中的作用

界面设计中的面不仅包含平面设计中的面，还包含运动状态下的动态画面。在进行设计是设计者要考虑如何调动和影响用户的情绪，实现视觉的平衡。面在界面设计中的作用主要体现在面的形态和面的状态。

a. 面的形态：方形面、圆形面、三角形面、自由形面，如图4-23、如图4-24、如图4-25。

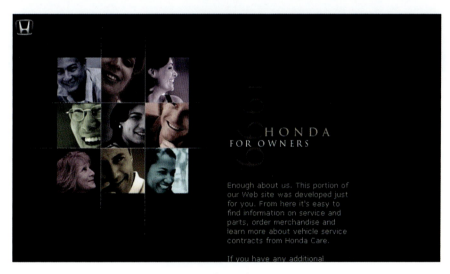

图4-23　方形的面（本田网站界面）

图4-24　圆形的面

图 4-25　自由形的面

b. 面的虚实：能够进一步丰富界面的视觉效果，如图 4-26。

图 4-26　面的虚实（TH7 网站界面）

c. 面的构成：面与面连接形成的体感造型，主要有分离、相连、重叠、透叠、减缺、联合等几种情形，如图 4-27。

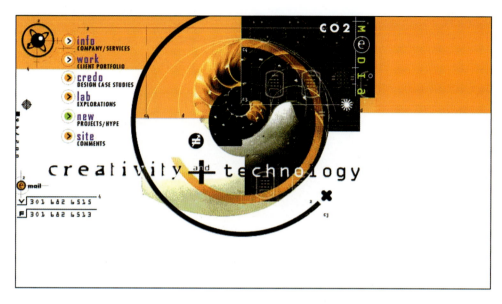

图 4-27　Co2media 网站界面

4. 界面设计的形式美法则

设计形式美法则是在通过设计创造美的过程中对设计形式美规律的经验总结和抽象概括。主要包括：对称均衡、变化与统一、调和与对比、节奏韵律等。界面设计同样遵循设计形式美的法则。掌握设计形式美的法则，设计者就能更自如地运用形式美的法则表现设计的内容，达到美的形式与设计内容的高度统一。

a. 对称均衡

对称的形态在视觉上有自然、安定、均匀、协调、整齐、典雅、庄重、完美的朴素美感，符合人们的视觉习惯。在界面设计中运用对称法则要避免由于过分的绝对对称而产生单调、呆板的感觉，有时候在整体对称的格局中加入一些不对称的因素，反而能增加构图版面的生动性和美感，避免了单调和呆板，如图 4-28。

均衡是动态的特征，因而均衡的构成具有动态性。

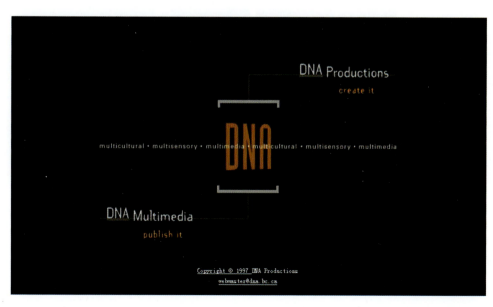

图 4-28　DNA 网站界面

b. 统一与变化

任何一个完美的界面设计必须具有统一性,这种统一性越单纯,就越有美感。但在统一中要有变化,才能使人感到有趣味,美感才能持久。界面设计中的变化也要有规律,避免混乱和繁杂。要做到统一中有变化,变化必须在统一中产生,如图4-29。

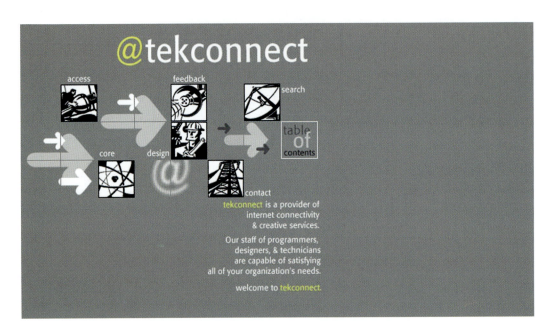

图4-29　tekconnect网站界面

c. 调和与对比

在界面设计中,对比与调和的形式很多,如在大小、方向、虚实、宽窄、长短、曲直、多少、动静的对比。对比是界面设计中视觉特征的表现主体,调和是界面设计完整统一的保证,如图4-30。

图4-30　界面设计的调和与对比

d. 节奏与韵律

在界面设计中,将界面的构成元素进行不同程度的变化和巧妙组合,便会创造出具有不同感觉的"律"的形式,产生活泼、生动、和谐、优美之韵味。归纳起来分为循环体、反复体及连续体,如图4-31。

图 4-31　界面设计中的节奏与韵律（adidas 网站界面）

4.1.2　色彩设计

在数字交互界面设计中,色彩的信息视觉传达速度是最快的,它是在使用过程中吸引并引导用户行为的重要因素。作品的色调以及颜色的搭配运用决定了作品的色彩基调,界面颜色搭配得是否合理会直接影响到用户的情绪。好的色彩搭配会给用户带来很强的视觉冲击力,因此,只有对色彩的基础知识进行良好掌控,才能设计出风格独特的数字交互界面。

由于人们存在的社会环境与文化背景不同,每个人对色彩的视觉感知(视觉受外界刺激所产生的记忆、联想、对比等)是有差异的。种族、宗教信仰、文化背景以及地理位置都会影响人们对色彩的感觉认知。在数字交互界面设计中要充分考虑受众的种群构成和存在背景。

1. 明度对比设计

明度也叫亮度,是色彩的明暗差别,白色明度最高,黑色明度最低。色彩的明度差别即指同色的深浅变化,又指不同色相之间的明度差别,只有适度的明度对比才会带来调和感,如图 4-32。

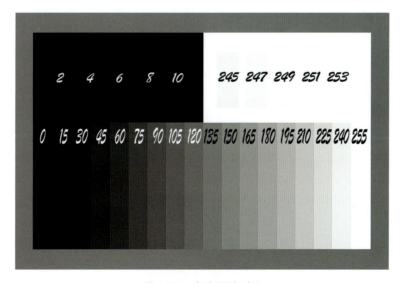

图 4-32　色彩明度对比

孟塞尔的色立体理论,把明度由黑到白的等差分成九个色阶,三个明度基调:1~3 为低明度色阶;4~6 为中明度色阶;7~9 为高明度色阶。处于中间色阶的色彩组成的色调,称为中间调。

9～7级亮色组成高明度,具有活泼、清朗、华丽、积极、明快、刺激的感觉。

6～4级中明色组成中明度,具有饱满、稳定、丰富、高雅的感觉。

3～1级暗色组成低明度,具有梦幻、威严、厚重、沉闷的感觉。

在明度对比中,根据色彩或色相的面积、作用以及色的对比比例的不同,大体构成低短调、低中调、低长调,中短调、中中调、中长调,高短调、高中调、高长调,最长调等许许多多明度对比调子。

明度对比的强弱决定于色彩明度差别跨度的大小。

● 高长调对比:在界面设计中,高长调对比的应用一般采取以高明度色彩为主,配以小面积的低明度色块,反差大,对比强,形象的清晰度高,给人以强烈的视觉冲击力,有积极、活泼、刺激、明朗、男性、明快之感,如图4-33。

图4-33　界面色彩高长调对比

● 高短调对比:高调的弱对比效果,给人以柔和、优雅、轻盈、清新、高贵、软弱、朦胧的感觉,设计中常用来体现婴儿、女性柔美的色彩,如图4-34。

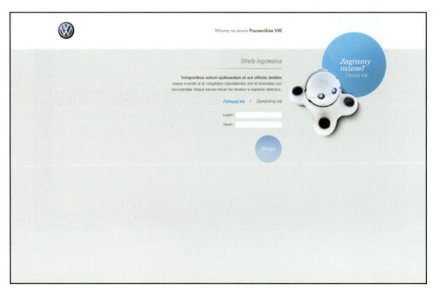

图4-34　大众网站界面

● 中长调对比:以中调色为主,采取用浅色或深色进行对比,给人以强健的男性色彩效果,具有明确、稳静、爽快、坚实、清晰的感觉,如图4-35。

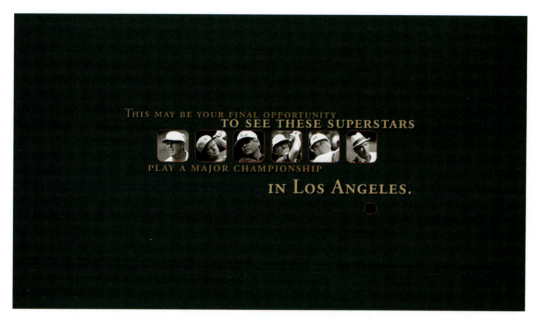

图4-35　界面色彩中长调对比

● 低短调对比:该调以深暗为主,过度色阶面比较小,对比微弱,给人以神秘、梦境、沉闷、忧郁、压抑、孤寂,使人有种透不过气的感觉,如图4-36。

图4-36　界面色彩低短调对比

● 低中调对比:虽然色调深暗,但对比适中,使人不感沉闷,给人保守、厚重、严肃、朴实、沉稳、理智、冷酷的感觉,一般用于男性化的描写,如图4-37。

图 4-37　界面色彩低中调对比

2. 色相对比设计

色相是指色彩的相貌名称。不同颜色并置,在比较中呈现的色相差异,称为色相对比。它是区分色彩的主要依据,也是色彩特征的主体因素。色相对比是人类知觉色彩的重要手段。色彩对比的强弱取决于色相在色相环上的位置。从色相环上看,任何一个色彩都可以自我为主,组成同类、类似、邻近、对比和互补色相的对比关系。多个色相对比调和在界面设计中应用比较广泛,常用于塑造个性鲜明的形象。

● 同类色相对比:是色相中最弱的对比,色相差别很小,色相模糊,变化微妙,主要是明度的对比。给人以单纯、稳静、雅致,调和、统一的视觉效果,如图 4-38。

图 4-38　界面色彩同类色相对比

● 对比色相对比:色彩大跨度色域对比,色相差异十分明显,属于色相的中强对比,对比效果鲜明、强烈,是极富运动感的最佳配色,具有饱和、华丽、欢乐、兴奋、活跃的特点。这种配色方式易使视觉疲劳,使人产生烦躁、不安定之感,配色时要注意纯度变化。

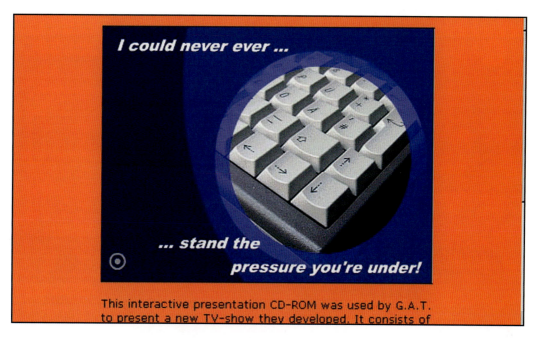

图 4-39　界面色彩对比的色相对比

● 互补色相对比：色相差别极大，明暗对比强烈，色相个性悬殊，是色相中最强的对比关系。它比对比色更完整、更充实、更富有刺激性，其特点是饱满、活跃、生动、刺激，短处是不含蓄、不雅致，过分刺激，有种幼稚、原始的感觉，如图 4-40。

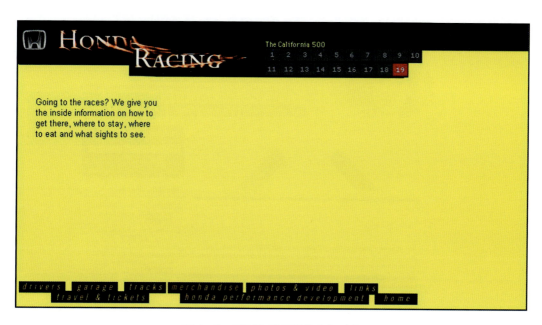

图 4-40　界面色彩互补的色相对比

3. 界面设计中色彩的象征性与视觉感知

借助人们的观念、认识和联想所能理解的色彩，对色彩进行表情达意，基于不同色彩给人不同的心理感受，产生某种联想就形成了色彩的象征性。在界面设计中常常运用色彩的象征性与视觉感知来表达主题的属性。

● 红色：最引人注目的色彩，对视觉感觉最强烈。它是火的颜色，火红如日，热情奔放如血，象征热情、喜庆、幸福、爱情、活力、通俗、豪华、冲动,能表达出人性中光明愉快的一面,如图4-41。

图 4-41　可口可乐网站界面

● 黄色:是明度级最高的色彩,是阳光的色彩,光芒四射。它轻盈明快,生机勃勃,是一种快乐的色彩,给人以光明、希望、高贵、温暖、愉悦的感觉,象征着文明、光明、华丽,如图4-42。

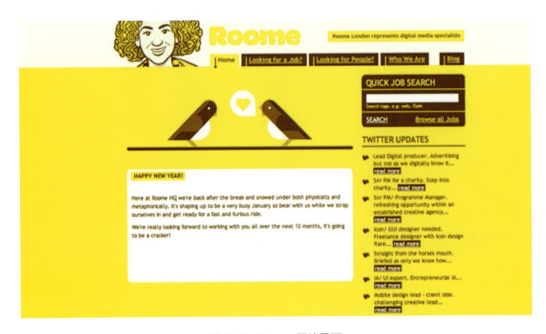

图 4-42　Roome 网站界面

● 蓝色:是红色的对立面,蓝色是天空的色彩,给人以辽阔、广漠、深远之感。它象征着宁静、清爽、理智、深远、和平、安静、纯洁、清高、理智,给人以压抑、忧愁、思念的感觉,如图4-43。

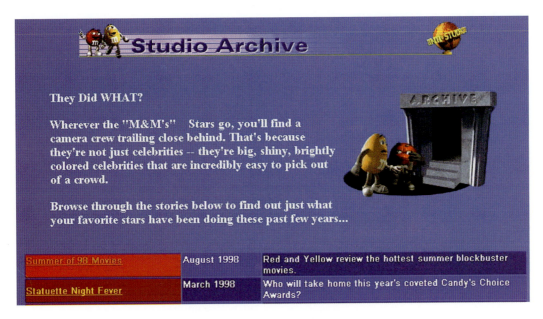

图 4-43　MM Studio 网站界面

● 绿色：是植物的色彩，生机盎然、清新宁静，是生命和成长的象征。绿色给人平静、安全、青春、和平、自然、纯情、松弛的感觉，如图 4-44。

图 4-44　Creative Lounge 网站界面设计

● 橙色：是秋天收获的颜色，是最温暖的色彩。橙色象征快乐、健康、勇敢、华美、活泼、热闹，属于激奋色彩之一，如图 4-45。

图 4-45　GUESS 网站界面

● 紫色:代表神秘、高贵、威严等,象征优美、高贵、尊严,让人联想到精致富丽、高贵迷人、沉着高雅。另外,又有孤独、神秘、悲哀等寓意,如图 4-46。

图 4-46　ELLE 网站界面

● 黑色:是明度最低的非彩色,象征着力量、男性美、高雅、朴素、庄重、严肃、有深度。有时又意味着不吉祥和罪恶,如图 4-47。

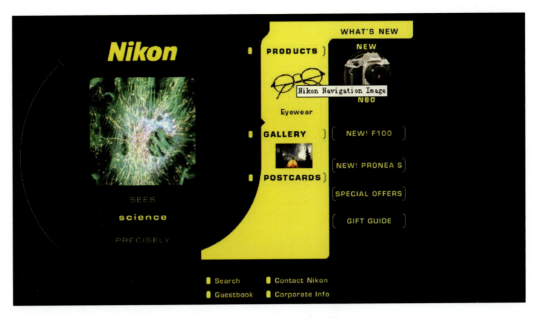

图 4-47　Nikon 相机网站界面

- 白色：表示纯粹与洁白，象征纯洁、朴素、高雅、和平、澄清、无污染，如图 4-48。

图 4-48　TOSHIBA 网站界面

4.1.3　图像图形设计

1. 界面设计中图像图形的作用

在数字交互界面设计元素中，图像图片的应用相当广泛，除了文本、色彩外，图像是最重要的设计元素，是界面设计的关键。图像的表现力强，表现形式多样，常用于做标题、按钮、界面背景等。图像的应用使界面更加美观、有趣，直接关系到作品的整体效果和内在表现力。

图像本身就是传达信息和情感的重要手段。图像赋予文字具体的形象含义,图像比文字更直观、更生动、更易记,可以很容易地把不易表达的信息表达出来并传递给用户,减少由于文字的冗长而产生的解读困难,如图4-49。

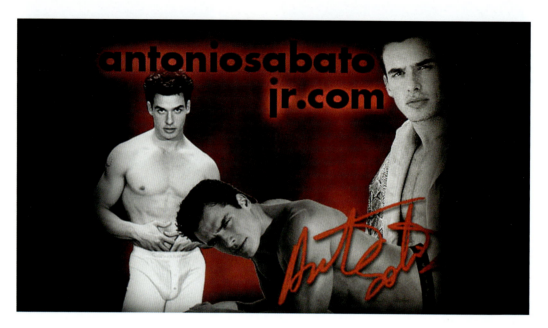

图4-49　Antoniosabatoir网站界面

● 图像图形的格式

由于受网速的影响,界面中图像的格式选择也受到限制,那么在GIF、JPEG、PNG和MNG这几种图像格式中如何进行选择呢？其原则是图片更小,却拥有更好的图片质量。

GIF格式:对于网络页面设计来说,GIF格式最大的优点就是支持动画,同时GIF也是一种无损的图片格式,修改图片之后,质量并没有损失,适合存储含有线条、大色块或文字的图片,例如卡通图像、商标等构图简单、色彩鲜明的图像。

GIF格式支持半透明(全透明或是全不透明),最多能存储256色。

PNG格式:PNG格式在色彩上最高可存储48位超强色彩图像,它的图像体积会比GIF格式更小,采取非破坏的压缩方式,可以减少图像的失真,支持alpha(全透明),但不支持动画,也不支持CMYK模式。

JPG格式:JPG格式支持存储图像图片的所有颜色,因此很适用于保存数码照片。JPG图像压缩比很大,是一种失真压缩,这意味着每次修改图片时都会造成像素失真,但如果压缩适当,一般不会感到太大的差异。

● 图像的形式

a. 方形图式

方形图式是一种最常见、最简洁、最基本的形态。方形图式能够将图像内容表达得更清晰、更突出,能够完整地将主题思想传达出来,使主体形象与整体环境相协调,富有感染性。方形图式应用在界面中,给人以稳重、可信、严谨、安静、理性、庄重等感觉,如图4-50。

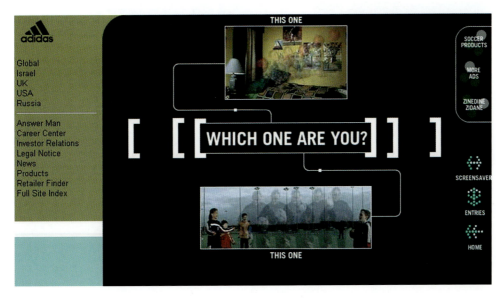

图 4-50　adidas 网站界面

b. 退底图式

根据界面设计的需要,将原图像中的背景剪切去掉,然后把剪切后的主题形象与界面中的背景合成。由于将背景去掉,主题形象的运用更加自如,与图像、文字的结合更加自然,容易成为视觉的焦点,个性鲜明,给人的印象深刻。这种图式给人以自由、轻松、活泼,具有亲和感,如图 4-51。

图 4-51　购物网站界面

c. 出血图式

在页面排版中,将图像的边缘充满页面的某个边框,动感效果非常强,不受约束,有亲近感。这种图式的运用给人以向外扩张、大胆热情、运动延展的感觉,便于感情的抒发,如图 4-52。

图 4-52　餐饮网站界面

- 图像图形的面积

图像在界面设计中占有重要地位,图片在页面中的大小比例对传达主题内容和界面的视觉效果有着重要的影响。一般情况下,将重要的、突出主题的、能够吸引读者的图像放大,使之成为视觉焦点,以达到氛围渲染、情感传达强烈的目的。而对于从属的小图片,与其他的视觉元素(如文字、色块、图像等)进行组合编排,形成对页面主题点缀和呼应的作用,给人以简洁、整齐、精致的感觉。同时,在页面设计中,注意大图片和小图片、文字、色块的搭配运用,如果只有大图像而无小图像或细密的文字,画面就显得空洞、单薄。运用大图像时要结合小图片、文字、色块等,如图 4-53。

图 4-53　艺术类网站界面

在界面设计中,图片大小的对比运用,直接影响到界面的形式美感以及主题内容的传达。图像大小对比强烈,给人运动感、方向感。用户的视觉流向是由大到小,形成视觉的流动,产生视觉的跳动,更能突出主体,并使画面活泼起来。如果图像大小对比弱,画面的平衡感强,给人以平静、稳定的感觉,如图4-54。

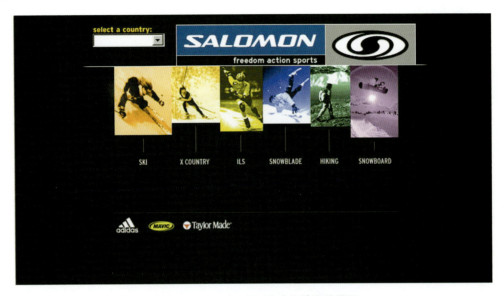

图 4-54　SALOMON 运动品牌网站界面

另外,在界面设计时,应对所使用的图片进行主次分类,对反映主题、视觉效果好的图片要扩大图像的面积,而对从属关系的图片要进行缩小,与大图片进行组合运用,从而设计出主题鲜明,视觉效果好的界面,如图 4-55。

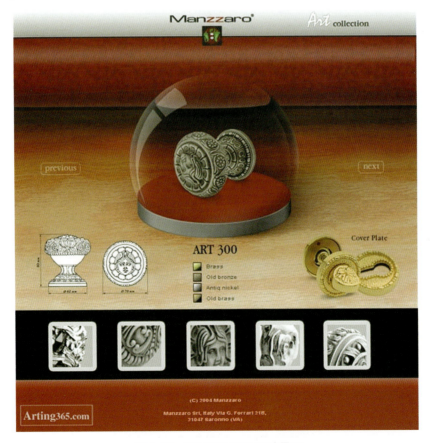

图 4-55　MANZZARO 网站界面

● 图像图形的排版

每一个界面的图片编排首先要考虑图片放在哪个位置更能够突出主题,形成视觉的焦点。由于图片所占的面积与文字相比比较大,图片如何编排直接影响到页面的整体布局,因此应根据页面的要求,细致、合理地增减或缩放图像。

a. 块状组合与散点组合结构

在多幅图像进行整齐而有序编排时,图片之间的缝隙形成了水平、垂直的线,这些线犹如分割线将多幅图像在页面上分割成整齐有序地排列块状组合,这种组合方式给人以强烈的整体感、秩序美感,图4-56。

图4-56　Scarygirl 网站界面

b. 散点组合

指将图像在页面各个部位自由排列,强调图片之间自由、无限制的编排,形成自由、明快、轻松的感觉。图片、文字等混合在一起排列,具有亲近感。但在排列时应注意图像的大小、主次、疏密、均衡以及视觉向等,如图4-57。

图4-57　BitWay 网站界面

4.1.4 文字设计

文字设计也是界面设计的重要组成部分,它不仅是信息传达的手段,更是一种艺术表现形式。根据文字在页面中的不同用途,以及文字在界面中的整体诉求效果,可以运用图像处理和其他加工手段,对文字进行艺术处理和编排,以达到协调页面效果,给人以清晰的视觉印象,有效地传播信息的目的,如图4-58。

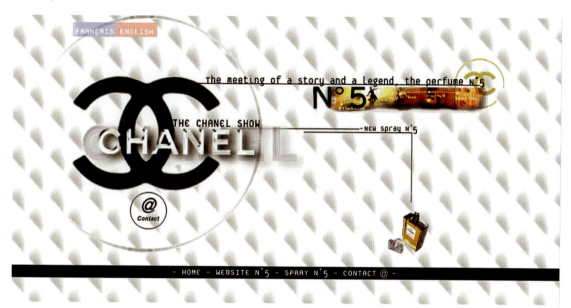

图4-58　CHANEL网站界面

● 文字在界面设计中的特征

a. 字号

字号的大小可以体现的意义是非常丰富的,字的大小对比可以产生一定的节奏韵律,是视觉审美的重要美学原则,直接影响到浏览者的学习效率。大字号多用于标题和需要强调的文字,起到烘托主题和吸引用户视线的作用;而小字号则多用于正文或一些辅助性文字,给人以细腻感。字号大小不同的搭配不但可以突出文档的重点,还可以将文档的各个部分区分开来,显得庄重典雅,富有层次感。如何选择字号,还要看网站的风格,要做到与网站整体的设计风格相辅相成,如图4-59、图4-60。

图4-59　字号大小排列的视觉效果

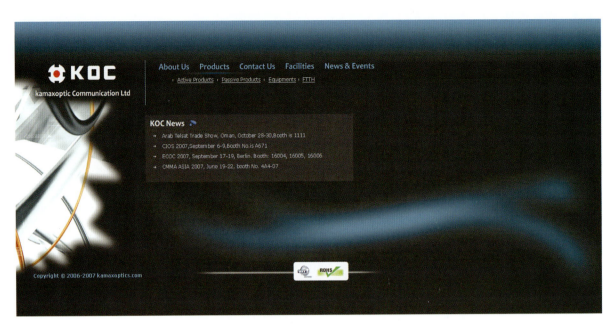

图 4-60　字号大小的运用（KDC 网站界面）

b. 字体

字体作为最为直观的文字表达方式，是界面设计的重要构成元素，可以非常真实地反映界面设计的总体设想。根据界面的总体设想和浏览者的需要，字体选择是一种感性、直观的行为，字体不但要表达设计者的思想，也要符合浏览者的需要。在同一页面中，字体种类少，则版面雅致，有稳定感；字体种类多，则版面活跃，丰富多彩，如图 4-61、图 4-62。

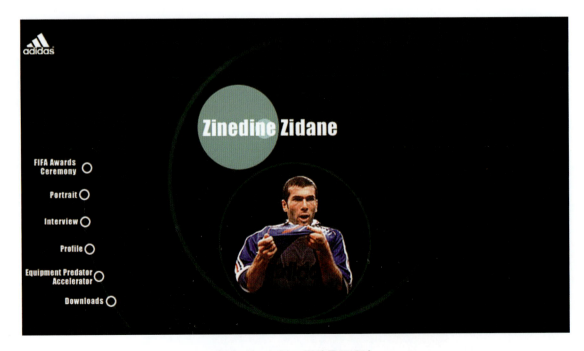

图 4-61　Adidas 网站界面设计

图 4-62 Co2media 网站界面

在界面设计中,黑体字形方正,给人稳定、端庄的感觉;仿宋形体秀丽,给人活泼的动感;隶书端庄古雅、具有韵律美;魏书刚健有力;楷书工整秀丽;行书、草书富有变化和动感;粗体字强壮有力,有男性特点;细体字高雅细致,有女性特点。总之,笔画粗有浑厚感,笔画细有柔和感;笔画直有坚定感,笔画曲有活泼感,如图 4-63。

图 4-63 摩托罗拉网站界面

c. 字距与行距

字距与行距是具备很强表现力的设计语言,是设计内容、行为与品位的直接体现。为了更好地表现界面主题内容和达到完美的视觉效果,设计师有意识地加宽或缩窄字距与行距,能够体现独特的设计理念和审美意趣。文字宽松排列能够体现轻松、舒展、现代的感觉,如图4-64。

图4-64　elogic网站界面

- 界面设计中文字编排的表现

在界面设计中,文字的编排是由多个单个文字组合而成。文字编排的手法有很多,一般情况下,文字的编排模式分为:左对齐或右对齐、居中排列、自由排列、图文组合排列等。合理运用文字编排的方法和原理,让文字富于情感,能将情感准确地传达出来,从而强化页面的情感效果和视觉效果。

a. 左对齐或右对齐,如图4-65。

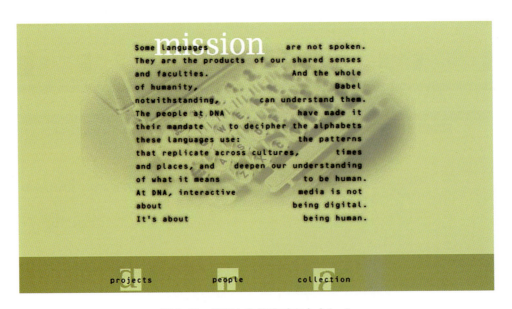

图4-65　界面文字编排对齐方式(一)

b. 居中排列,如图4-66。

图4-66　界面文字编排对齐方式(二)

c. 自由排列,如图4-67。

图4-67　界面文字编排对齐方式(三)

d. 图文组合排列,如图4-68。

图 4-68　界面文字编排对齐方式(四)

4.2　听觉艺术设计

　　信息传递时,人的注意力主要集中在视觉上,此时如果有声音刺激听觉,会使人的注意力发生变化,对人的心理感受产生一定的影响。界面设计中,可以利用听觉刺激引起用户对事物的注意。听觉艺术设计主要包括主题音乐(背景音乐)、命令音效(指令音效)。音效和主题音乐的结合会给人带来不同的联想,并给用户以不同的心感受,如图 4-69。

图 4-69　声音视觉图标

4.2.1 主题音乐

界面设计中加入主题音乐能够起到调节气氛的作用,增强情感的表达,让用户有愉悦的感受。不同的主题音乐产生不同的心理感受,主要用于烘托主题,给人以轻松愉快、减轻操作所带来的疲倦感,从而增强对界面内容的兴趣,起到积极的人机互动作用。

4.2.2 命令音效

是指为了增强界面中命令执行的真实感,或者渲染氛围,或者产生戏剧性而制造短暂的声音效果。音效的声音比较短暂,对内容进行声音的烘托,给人以心理暗示,形成虚拟环境,增强真实感。例如,某个命令执行成功时,会响起悦耳的音效,提示操作成功,让人产生兴奋、愉快、激动的情绪变化。

【本章思考】
1. 谈谈数字交互界面设计中视觉元素的特征及在界面设计中的作用。
2. 总结数字交互界面设计的形式美法则。
3. 总结数字交互界面设计中的色彩运用方法。
4. 感受不同数字交互界面中的背景音乐与音效。

第 5 章　网站数字界面设计

【学习的目的】
通过学习掌握网站数字界面设计的基本要点、网站界面的类型、设计原则、设计布局以及实战技巧。让学生具备从前期调研、设计策划、设计运作、设计实践等方面进行网站数字界面整体分析、策划和设计的能力。

【学习的重点】
掌握网站数字界面设计的原则和方法。

【教与学】
教学通过讲授、观摩、提问、讨论等方式进行,并对不同类型网站的界面设计特点进行评论,提升学生的兴趣。通过实战的方式,让学生组建设计团队合作进行设计创作练习,最后将设计作品进行网上发布。

网站数字界面是网站与用户进行信息沟通的一种载体,具有互动性、多维性、互操作性、多媒体性、受众面广、视觉效果强等特点。用户通过网页浏览器来访问网站,建立人机交互的模式,获取所需的资讯、网站服务或者发布相关信息。网站数字界面由色彩、文字、图像、符号等视觉元素和动画、声音、视频等多媒体元素构成。

5.1　网站界面设计的构成元素

5.1.1　网站的类型

网站的分类一般有两种,一种是从功能上分类,一种是从主体性质上分类。

● 从功能上分类

1. 服务咨询与交流型网站

此类型网站的特点是为用户提供信息的查询、展示、发布、管理、分类等服务,建立信息沟通交流的平台。利用互联网络及网络多媒体技术、数据存储查询技术、展示技术等,通过邮件、文件传递、语音、视频等多种信息交流手段,将各种信息全方位地展现给新老用户,营造更加直观的氛围和感染力,加强信息的传递。这类网站如新浪、MSN、网易等门户网站,如图 5-1 所示。

图 5-1　新浪与 MSN 网站界面

2. 门户信息综合型网站

这种类型的网站主要分为政府、企业、行业、协会、交易等门户信息网站。其目的是网站主体面向用户建立起的窗口。这类网站的特点是内容类型涵盖面广，信息量大，信息更新速度快、访问的用户群体广，网站各部门的协作性强，如图 5-2 所示。

图 5-2　百事可乐网站界面

3. 形象宣传型网站

这类网站主要侧重于网站的设计创意,强调视觉效果和用户交互体验,一般多利用多媒体交互技术、动态网页技术,将品牌形象通过互联网充分展示给用户。本类型网站着重展示企业形象、传播品牌文化理念、提升品牌知名度。这种类型的网站多用于企业形象宣传、产品品牌推广,如图5-3。

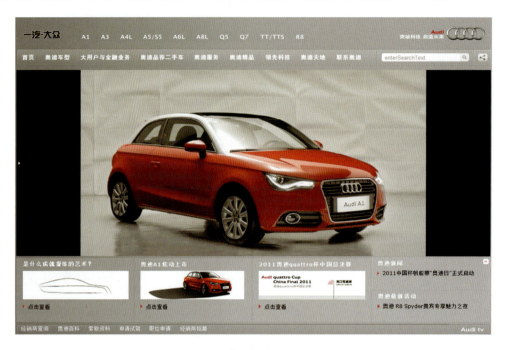

图5-3 奥迪汽车网站界面

● 从主体性质上分类,可分为政府网站、企业网站、商业网站、教育科研机构网站、个人网站、非营利机构网站以及其他类型网站等。

5.1.2 网站界面艺术设计构成元素

如何运用设计的语言来描述和规范网站界面,用以传达网站主题和设计理念,是网站界面艺术设计探讨的主要内容。网站界面的艺术设计构成元素主要分为网站的标志(LOGO)、文本(文字)、图形图像、多媒体等,如图5-4。

图5-4 摩托罗拉网站界面

1. 网站的标志(LOGO)

网站的标志是一个站点正规化的象征,是宣传网站最重要的部分,它的设计创意来自网站的名称和内容。网站的标志代表网站的内在文化内涵,是网站的特色形象表现,是网站内容的浓缩诠释。成功的网站标志有着独特的形象标识,在网站的推广和宣传中将起到事半功倍的效果。在界面设计中网站标志一般有相对固定的位置,主要在左上角,便于用户者识别。根据界面设计的要求,网站标志有不同的大小,所在位置也略有变化,如图5-5。

图5-5 一鸣生物公司网站界面

图5-6 一鸣生物公司网站标志位置

- 一鸣生物公司网站标志栏的原代码如下:

```
< td height = "90" colspan = "3" valign = "top" background = "images/main_01.gif" >
        < div id = "webtopsearch" >
            < form action = "http://www.baidu.com/baidu" target = "_blank" >
                < input type = text name = word size = 12 >
                < input name = tn type = hidden value = baidu >
                < input type = "submit" value = "搜索" >
            </form >
        </div >
        < div id = "webtopright" >
            < ul >
                < li > < a href = "/html/en/index.html" class = "STYLE4" > English </a > </li >
```

＜li＞＜a href＝"map.html" class＝"STYLE1"＞网站地图＜/a＞＜/li＞
　　　＜li＞＜a href＝"index.html" class＝"STYLE1"＞首页＜/a＞＜/li＞
　＜/ul＞
＜/div＞　＜/td＞

2. 文本

网站界面内容是网站的灵魂，文字元素作为网站内容传达的主体，是界面内容最主要的表现形式，文本是网站界面设计中的最基本元素，是其他设计元素无法取代的。人类获取信息的习惯通常是通过文字，与图像相比，文字虽然不如图像那样直观，易于吸引浏览者的注意，但却能准确地表达信息的内容和含义。文字所占存储空间很小，下载和浏览的速度很快，所以大量使用文本是网站内容的主体。在界面设计中可以合理地运用文本的属性，如大小、字体、颜色、排版等，突出显示重要的内容，创造出特色鲜明的网站界面，吸引用户的兴趣，如图5-7、图5-8。

图5-7　MINI网站界面文字

图5-8　一鸣生物公司网站简介文字

- 一鸣生物公司网站简介文本的原代码如下：

```
< td height = "416" colspan = "3" align = "left" valign = "top" > < table width = "651" height = "414" border = "0" align = "center" >
            < tr >
                < td height = "410" valign = "middle" background = "images/20.jpg" >
                    < div id = "webmainmenu" >
                        < ul >
                            < li class = "webmainmenunow" > < a href = "about.html" > < font class = "nowsubmenu" >集团概况</font></a></li>
                            < li > < a href = "about01.html" >企业精神</a></li>
                            < li > < a href = "about02.html" >经营理念</a></li>
                            < li > < a href = "about03.html" >卓越追求</a></li>
                            < li > < a href = "about04.html" >企业荣誉</a></li>
                        </ul>
                    </div>
                    < div id = "webmaincontent" >
                        < div id = "maincontent" >
                            < ul >
                                < li >一鸣生物制品有限公司是集科研、生产制造和销售于一体的现代化民营股份制企业。(简介文字略)
                            </ul>
                        </div>
                        <!-- next begin -->
                        <!-- end -->
                    </div>
                </td>
            </tr>
        </table>            </td>
```

3. 图形图像

图形图像在网站界面设计中占据了重要位置，它能够为用户提供信息、展示形象、装饰界面、表达个性化的风格与情趣。合理运用图形图像，不仅可以对文本进行说明和解释，还可以生动直观、形象地表现设计主题，增强活力，使界面更加有吸引力。在网站界面中，图形图像可用作标题、界面背景、内容主图、图标等。图像格式一般为 GIF、JPEG、PNG 和 BMW 等，常用的为 JPG、GIF 格式，如图 5-9、图 5-10。

图 5-9　迪斯尼网站界面

图 5-10　一鸣生物公司网站图像图形

● 一鸣生物公司网站图像图形的原代码如下：

< td width = "300" height = "435" rowspan = "2" align = "left" valign = "top" >
　　< img src = "images/trygif. gif" width = "298" height = "435" >
< /td >
< td height = "144" colspan = "2" align = "left" valign = "top" >
　　< img src = " images/main_02_02. jpg" alt = " " width = "452" height = "144" border = "0" usemap = "#main_02_02_02. jpgMap" >
　　　< MAP NAME = "main_02_02_02. jpgMap" >
　　　　< AREA SHAPE = "RECT" COORDS = "287,42,390,120" HREF = "contact. html" >

```
        < AREA SHAPE = "RECT"  COORDS = "153,42,258,122"  HREF = "product. html" >
        < AREA SHAPE = "RECT"  COORDS = "25,45,126,118"  HREF = "/html/news1" >
    </MAP >
</td >
```

4. 色彩

色彩是网站界面设计元素的视觉审美核心,对用户的内心情绪产生深刻的影响。在视觉传达的要素中,色彩的传递速度最快。网站借助色彩的感染力和视觉传递速度,唤起用户对网站内容的兴趣,如图5-11、图5-12。

图5-11　REVLON网站界面色彩

图5-12　一鸣生物公司网站色彩

- 一鸣生物公司网站色彩的原代码如下:

```
< td height = "416" valign = "middle" background = "images/22. jpg" > (色彩是由图片设置而成)
< div id = "webmainmenuabout1" >
  < ul >
    < li > < a href = "about. html" >集团概况 </a > </li >
    < li > < a href = "about01. html" >企业精神 </a > </li >
    < li class = "webmainmenunow" > < a href = "about02. html" > < font class = "nowsubmenu" >经营理念</font > </a > </li >
    < li > < a href = "about03. html" >卓越追求 </a > </li >
    < li > < a href = "about04. html" >企业荣誉 </a > </li >
  </ul >
</div >
< div id = "webmaincontent" >
  < div id = "maincontent" >
    < ul >
      < li >
```

5. 多媒体

为了更好地实现信息的传递和吸引用户的注意力,网站界面的组成部分中多媒体元素的运用也越来越多,主要包括音频、视频和动画。这些多媒体元素的运用更好地实现了网站与用户之间的互动交流,加强了信息的传递,并给网站带来了生机活力,如图5-13。

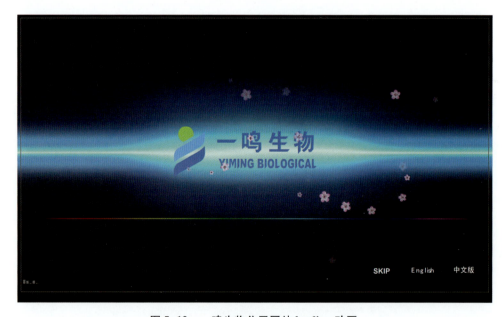

图5-13　一鸣生物公司网站loading动画

● 一鸣生物公司网站动画的原代码如下:

```
< script type = "text/javascript" >
AC_FL_RunContent('codebase',
'http://download. macromedia. com/pub/shockwave/cabs/flash/swflash. cab#version = 9,0,28,0',
'width','1003','height','589','src','飘3','quality','high','pluginspage',
'http://www. adobe. com/shockwave/download/download. cgi? P1_Prod_Version = ShockwaveFlash',
'movie','3'); //end AC code
```

</script >
< noscript > < objectclassid = " clsid:D27CDB6E − AE6D − 11cf − 96B8 − 444553540000" codebase = "http://download. macromedia. com/pub/shockwave/cabs/flash/swflash. cab#version = 9,0,28,0" width = "1003" height = "589" >
　　< param name = "movie" value = "3. swf" / >
　　< param name = "quality" value = "high" / >
　　< embed src = "3. swf" quality = "high" pluginspage = "http://www. adobe. com/shockwave/download/download. cgi? P1_Prod_Version = ShockwaveFlash" type = "application/x − shockwave − flash" width = "1003" height = "589" > </embed >
　　</object > </noscript >

5.1.3　网站界面设计的布局

　　网站界面设计的视觉呈现以二维为主,所以界面设计布局多运用平面设计的构成原理,主要区别是网站界面受电子显示器的限制,界面尺寸大小较固定。网站界面的布局一般本着视觉美观协调、结构布局清晰合理的原则。根据网站类型结构的不同,网站界面设计的布局有其自身的特点:

1. 页面尺寸

　　所用显示器大小及分辨率影响页面尺寸的大小,通常情况下,页面设计所用分辨率为 800×600 时,页面的显示尺寸为 780×428 像素;分辨率为 640×480 时,页面对应的显示尺寸为 620×311 像素;分辨率为 1024×768 时,页面对应的显示尺寸为 1007×600 像素。在页面设计过程中,页面尺寸一般为一满屏,如果内容较多,要向下拖动页面,尺寸可多于一屏,但最好不要超过三屏,避免阅读的不便。

2. 网站界面布局的形式

　　a. 页面结构划分

　　根据网站主题的不同要求,页面在结构划分上形式各异。有以上中下左右为主的结构形式,这种布局形式一般为大型网站,上面为网站的标题,中间部分为网站的主要内容,最下面是网站的基本信息,左右为浮动式小内容,如图 5-14。

图 5-14　联想网站界面布局

有的界面是按照方形组合的形式布局,网站内容形成"方形"的模块,然后进行不同的组合,有"T形"布局、"口形"布局、"L形"布局、"三形"布局等多种组合方式,这些布局方式的特点是灵活、自由,形式感强,内容安排上比较轻松,动感强,适合不同内容的网站,如图5-15。

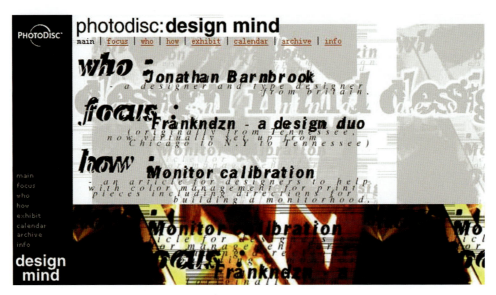

图 5-15　PHOTODISC 网站界面

b. 风格化布局

一些网站在进行布局时注重色彩、质感等方面的设计,突出网站的视觉和心理意境变化,例如,有的网站利用旧报纸、牛皮纸、牛皮等质感来突出怀旧的情感,将用户引入思念、沉思的意境空间中,如图5-16。

图 5-16　怀旧的牛皮纸风格的网站界面

有的网站为了突出主题内容,注重色彩方面的设计,通过色相、明度、纯度的对比,或者色彩面积与形状的变化,形成视觉上的刺激,用以传达网站的主题。例如一些个人演唱会的宣传网站、电子产品的发布网站、游戏网站等,加强色彩的运用,突出网站内容,如图5-17。

图5-17　个人风格的网站界面

以上总结了目前网络上常见的布局。关于界面布局的技巧,要把握几个原则:要加强界面的视觉效果,注重文案的可视性与可读性;注重视觉上的变化与统一;为了吸引用户的注意力,在界面设计布局上要把握个性化和新鲜感,提升网站的趣味性;注意屏幕上下左右的平衡,避免产生视觉疲劳和信息接收错误;在设计时注意信息浏览的先后顺序排列,以方便阅读。

5.2　网站界面设计

5.2.1　网站界面的设计原则

1. 优化网站内容、把握网站的整体风格

建设一个网站,首先要考虑网站的内容,内容是网站的核心,这些内容包括网站功能、用户需要、整体设计流程。在确定网站内容之前还要进行网站的前期调研、分析、定位与策划,进而确定网站的内容规划。

网站的风格是网站整体形象的综合体现,是用户对网站的综合感受。如何给用户以轻松、活泼、严肃等不同的感受呢？途径有:突出网站的视觉形象VI(标志、色彩、字体、标语);合理规划界面布局;运用统一协调的视觉表现形式;规范文字及视觉效果运用;统一色彩标准;以及多媒体、浏览方式、交互性、内容价值、站点荣誉等多个因素的运用。

2. 做好升级计划、关注下载速度

网站建设时要关注网站的运行状况,随时做好网站的升级计划,提升主机的性能。另外,在设定网页尺寸时,要关注其下载速度。一般情况下,标准网页应不大于 60 K,通过 56 K 调制解调器加载时间不超过 30 秒。有研究显示,如果一个网站页面的主体在 20~30 秒之内显现不出来,用户会很快失去对该站的兴趣。大多数网站还是以内容为主,大部分人感兴趣的还是信息量,追求的是速度。要限定页面的大小,就得从各个角度考虑节省。

3. 网站界面设计应易读易懂

设计师应注意每一个模块的信息量搭配,规划文字、图片、色彩、背景颜色等元素。例如,浅色背景下的深色文字为佳,文字的大小根据内容及视觉效果的变化确定,使用户在阅读时容易识别。

4. 网站导航的信息提示要简洁、清晰,方便查询

由于信息的极大丰富,简洁、清新的信息组织方式往往能够让用户最大限度地沉浸在信息的交互中,有时候简洁而单纯的视觉形象反而更有视觉冲击力。网站导航的位置、性质设置以及超链接方式的标识要准确无误,让用户看得明白。一些通用的识别方式不要轻易改变,以适应用户的习惯。例如,链接文本的颜色最好用通用的,访问过的与未访问过的要有所区别,给用户清楚的导向。

5. 加强视觉效果、强化功能多样,方便使用,吸引用户的注意力

网站界面设计时要注意加强视觉的表现力,必须设法吸引和维护用户对网站主页的注意力,在主页界面设计上,可运用醒目的图形图像、新颖的动态画面、美观的字体。集美观与功能于一身,令界面别具特色,给人过目不忘的视觉冲击效果。

为用户提供一个多功能、使用方便的人性化界面,对扩大网站知名度和吸引力就显得十分重要。对用户来讲,最主要的是网站的方便实用。例如,方便的导航系统、及时的信息提示、愉悦的视觉效果、有效快捷的问题解答、简短的用户注册程序等。

6. 合理使用网站设计的软件工具

网站设计的软件工具越来越多,要根据网站的内容、规模、兼容性等合理选择软件工具的组合,以使网站达到最佳的运行状态。

7. 把握好网站界面设计的交互性

网站界面轻松、自如的交互性会给用户带来意想不到的感官和情感体验享受。网站界面的交互性主要体现为通过感官刺激让人感受到愉快、兴奋、满意的感官交互;通过网站界面激发用户内心情感所创造的体验的情感交互,以及用户熟悉网站界面后对界面设计含义的深层次认识的行为交互等。网站界面的交互性构成了人与界面之间的信息交流、体验的方式。

5.2.2 网站界面的设计流程

网站界面设计的关键主要是搜集整理资料、构建网站内容信息、规划网站结构。网站界面具体的设计流程可以划分为 3 个阶段:

1. 搜集网站前期资料,并整理分析资料,确定网站的主题;规划网站结构,制定网站建设方案;组织确定网站内容信息架构。

2. 选择合适的制作工具,设计网站界面的初级方案;整理确定界面设计内容及程序开发;进行网站界面效果测试。

3. 网站整体上传;网站后期维护更新。

一个网站构架的基本结构如图 5-18:

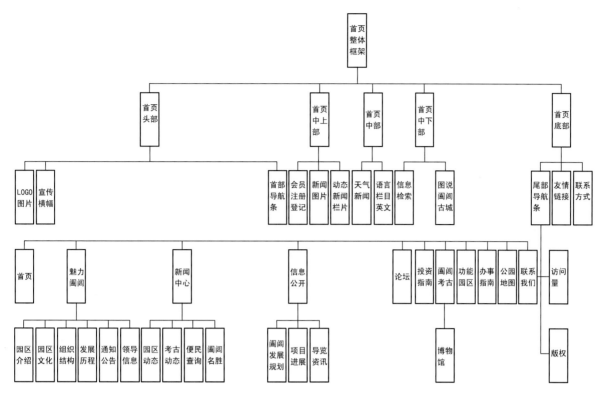

图 5-18 网站构架的基本结构图

【本章思考】
1. 谈谈一个网站界面艺术设计的构成元素。
2. 设计一个个人网站的制作流程。

第 6 章　移动设备界面设计

【学习的目的】
通过对手机、平板电脑等移动设备数字交互界面设计的学习,掌握移动设备数字界面设计的基本要点、设计原则、设计技巧。让学生具备独立进行移动设备数字界面的分析和设计能力。

【学习的重点】
掌握移动设备数字界面的设计原则和方法

【教与学】
教学通过讲授、观摩、讨论等方式进行,并对手机、平板电脑的界面设计特点进行评论。通过实战的方式,学生组建设计团队合作进行界面设计创作练习。

6.1　移动设备界面的发展概述

从 20 世纪 70 年代手机发明到 80 年代商用移动电话的出现,从模拟手机到数字手机的模式转变,移动设备界面经历了质的变革。早期的移动设备只有简单的操作界面,到 80 年代末期出现了具有简单显示功能的 PDA 的雏形;进入 90 年代,随着计算机和网络的快速发展,移动设备具备了小屏幕、单调色彩、低分辨率、粗糙画面等初级发展水平。1993 年苹果公司发布了一款没有键盘、使用触控笔操作的 PDA 产品,使移动设备界面观念逐渐形成。到了 21 世纪,移动设备界面设计经历了跨越式发展,以手机为代表的移动设备逐渐采用大屏幕、真彩显示、高分辨率,从而促使界面设计成为移动产品形象的重要组成部分,各大厂商纷纷在不同的操作平台上大力着手界面设计的研发工作,形成以手机为代表的移动界面设计新兴行业。

当前以苹果公司推出的 iphone、ipad 为代表的个人移动设备,为个人移动设备界面的发展带来了契机和挑战。个人移动设备已经突破了通话、娱乐、办公等功能,通过人文与科技的结合,在解决社会问题、提升人类的生活水平等方面进行了合理的规划和开拓,如图 6-1。

图 6-1　苹果公司的 iphone、ipad 个人数字移动设备

1. 移动显示设备

显示屏幕是移动设备中最重要的组成部分,是界面与设备交互的载体,是界面交互操作的基础。为了符合移动设备"移动"的特性以及受制造技术和电池技术等的制约,一般情况下,移动设备的屏幕都比较小,体现了移动设备小巧、灵活的特点,如图6-2。

图6-2 移动设备显示屏幕

由于受移动设备屏幕尺寸的制约,在进行界面设计时,要考虑界面设计的元素不能很大,元素所传达的语义要简洁、直观,易于操作,且不失形式美感。

2. 特殊的交互方式

移动设备的输入方式是采用按键或触控,由于键盘和屏幕都比较小,因此在进行交互方式设计时,要考虑操作的次数,并可通过音乐配合手控,形成一种积极的反馈方式。另外,以苹果iphone或ipad的为代表的移动设备派生出多种交互方式。例如,可通过手持的角度转换屏幕的显示方向;用手触摸屏幕并移动或放大、缩小;通过晃动来完成信息的交互,给人以强烈的趣味感,使界面的操作更加人性化。

由于移动设备的屏幕比较小,界面的交互功能构架采用单一的线性方式,即命令执行完成后要回到上级菜单,然后再执行其他命令。

3. 界面的设计风格

移动设备的界面有特定的载体,因此,在进行界面设计时要充分考虑设备的各项性能,包括产品的外观,要将界面与设备产品组合成一个统一的完美整体。

同时,移动设备的界面设计要充分考虑不同地域的民族文化、审美要求、特定需求,从而形成多样化的界面设计风格。

6.2 移动设备界面设计

6.2.1 移动设备界面设计的内容及原则

1. 开启与关闭动画

是指为了填补等待设备开启时的一段时间而设计的简短动画。由于受功能限制,这种动画一般简短有力,视觉和听觉有一定冲击力,如图6-3。

图 6-3 手机开启动画

2. 屏幕窗口

移动设备的屏幕比较小，在界面设计时，要本着让用户获得尽可能大的屏幕使用空间，一般为全屏。屏幕窗口所包含的必要元素为窗口标题、状态图标、特定按钮，如图 6-4。

图 6-4 移动设备屏幕窗口

3. 背景

移动设备界面的背景除了具有一定的装饰性外，还可以衬托界面主图及图标，起到突出主题的作用，或协调屏幕色调的作用，另外背景也具有信息承载的功能。例如，有些背景图上的图形元素具有连接功能，可直接点击，用户可直观的理解界面的内容，方便操作。背景可以是静态的图片，也可以是动态的，其状态原则是用户能够快速识别界面元素和进行操作为原则。背景的设计风格要与界面的整体设计风格相协调，并可以进行更换，如图 6-5。

图6-5　手机界面背景

4. 图标

图标是移动设备界面中具有明确含义的数字图形符号,是构成界面风格的重要视觉元素。图标设计尽量使用简洁的平面图形,尽量使用像素化的表现形式,要求简单美观、富有吸引力,使设计更加趋于人性化,这样用户才愿意让这些图标长久占据有限的屏幕空间。另外,要把握可识别特点,让用户在大量图标中轻松找到该应用程序。移动设备的图标分为不透明的和透明的,静态的和动态的,矢量的和标量的。图标的文件格式主要为BMP、JPG、GIF、PNG、ICO、SVG、MJPG等,图标的尺寸(像素)有10×10、14×14、16×16、24×24、32×32等,如图6-6。

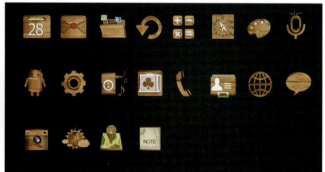

图6-6　手机图标设计

在移动设备界面中的图标一般遵循十二宫格等方格形的方式并列排列,便于识别和点击。

6.2.2　移动设备界面设计的案例分析

本文以MOTOROLA(摩托罗拉)公司的Android手机界面设计为例,简要分析移动界面设计的特点。

1. 主界面

主界面中功能图标的排列以方格方式为主,用户能很容易地找到相应的图标,用户可以根据自己的爱好、习惯在主界面上定制自己经常使用的图标,也可随时删掉暂时不用的图标,并可以拖动图标放在任意的位置,也可将搜索功能强大的google搜索工具栏放在界面的顶部,随时为用户提供内容搜索,如图6-7所示。

为了方便用户的使用以及尊重用户的习惯，Android 手机在主界面设计方面进行了创新，用户可根据自己的爱好习惯，定制一个"界面组"，如图 6-7 所示，这个界面组以井字形排列，中间的界面为主界面，其他为次主界面，每个次主界面上分布了根据用户喜好进行分类的图标，次主界面之间可直接切换，节省了翻页寻找图标的时间。

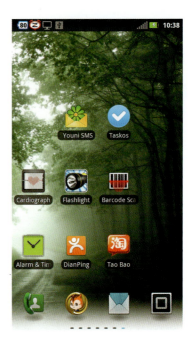

图 6-7　Android 手机主界面及界面组分类切换

2. 菜单

Android 手机界面设计的另一个亮点是手机界面下方四个常用图标按钮可更改。如图 6-8 所示，用户可以根据自己的习惯更改常用图标按钮的设置。用户可在菜单中找到自己所需的图标按钮，将四个常用的图标按钮中的某个图标按钮替换掉。同时，根据个人喜好，界面上的图标也可移动位置和替换，如图 6-9 所示。这充分体现了界面设计的人性化及用户个性化。

图 6-8　Android 手机主菜单四个常用按钮替换

图 6-9　Android 手机主菜单界面按钮移动、替换

3. 电话簿

界面中拨号键盘、电话信息、号码都在一个页面上显示，便于用户操作，尤其是存储和修改号码时，不必进行页面的切换，便于识别和操作。

另外，Android 手机提供了模糊搜索功能，当拨出前四位数字时，手机立刻将前四位相同的号码数量显示图来，并将用户经常联系且前四位相同的号码、名字显示出来，并根据联系次数和时间进行先后排序，节省了拨号时间，减少了记号码的烦恼，如图 6-10。

图 6-10　Android 手机电话簿功能

4. 信息

信息接收、发送与用户的信息在同一个页面上，其特点是形成两个人对话的方式，建立起虚拟对话的语境，让人感到两个人的对话是在一个语境下进行的。在图 6-11 中，通过颜色的标注以及箭头所指的方向区分发送信息与接受发信息，减少信息搜索占用的屏幕空间。

图 6-11　Android 手机接收与发送信息的形式

【本章思考】
1. 谈谈数字移动设备(手机)的界面设计原则。
2. 谈谈数字移动设备(手机)界面的图标设计特点。
3. 尝试总结不同品牌手机信息界面设计的特点,并进行手机信息界面设计。

第 7 章　软件界面设计

【学习的目的】
了解、掌握软件界面设计的基本要点、视觉元素、设计技巧。通过学习后能独立进行软件界面设计的整体分析，并具备设计能力。

【学习的重点】
掌握软件界面的设计要点和设计原则。

【教与学】
教学通过设计方法讲授、案例分析、讨论等方式进行，并对各种类型软件界面的设计特点进行分析讨论。依托硬件设备平台，让学生通过组建设计团队合作进行软件界面设计创作练习。

软件界面设计（software interface）是为了满足操作者而专门设计的用于操作使用及反馈信息的指令系统，其特点是专业化、标准化、规范化以及视觉美感的优化。软件界面设计具体包括软件启动画面设计、软件窗口设计、按钮设计、面板设计、菜单设计、标签设计、图标设计、滚动条及工具栏设计、安装过程设计、包装及商品化设计。

7.1　软件界面设计的构成要素

1. 软件启动画面设计

软件启动画面用来填补软件启动时的等待时间。启动画面内容主要包括：公司标志、产品商标、软件名称、版本信息、网址、版权声明、序列号等信息，用于向使用者或购买者介绍软件的基本信息并树立软件形象，如图 7-1。

2. 软件窗口设计

窗口是用户与软件进行交流沟通的区域，用户的操作都在窗口内进行，主要包括标题栏、图标、窗口的最大/最小化按钮、关闭按钮、菜单栏、操作区域、工具栏、滚动条、窗口伸缩按钮。窗口设计中应注意窗口的任意延伸性，子窗口要继承母窗口的视觉表现形式，如图 7-2。

3. 软件按钮设计

按钮是用户操作软件的一种视觉载体，具有交互性，按钮一般情况下的状态为：正常状态、点击时状态、鼠标放在上面但未点击的状态、不能点击时状态、独立自动变化的状态。按钮应具备简洁的图示效果，便于识别，按钮的形状可以是规则的矩形、圆角矩形、圆形，也可以是不规则的图形或文字。群组内按钮应该风格统一，功能差异大的按钮应该有所区别。按钮的状态发生变化时，应有具体的响应方式，如字体大小、色彩、位置的变化，或者是按钮大小、位置、底图的变化，也可以是动画或音效的变化等，如图 7-3。

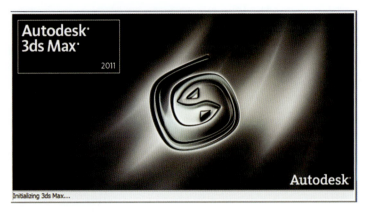

图 7-1　3ds MAX 与 photoshop 软件启动动画

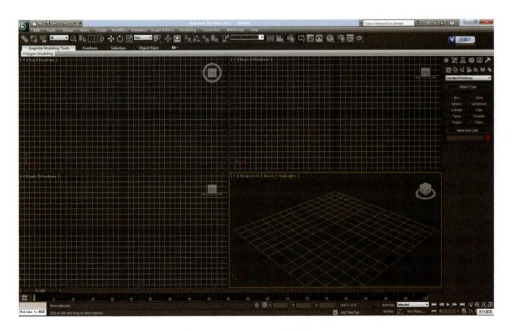

图 7-2　3ds MAX 软件窗口

图 7-3　3ds MAX 软件按钮

4. 软件菜单设计

菜单是软件界面的功能基础,所有用户命令都应包含在菜单中,菜单分为下拉式、弹出式等。菜单设计一般有选中状态和未选中状态,左边应为名称,右边应为快捷键,如果有下级菜单应该有下级箭头符号,不同功能区间应该用线条分割,如果有伸缩菜单、隐藏选项就会有展开菜单图标,如图 7-4。

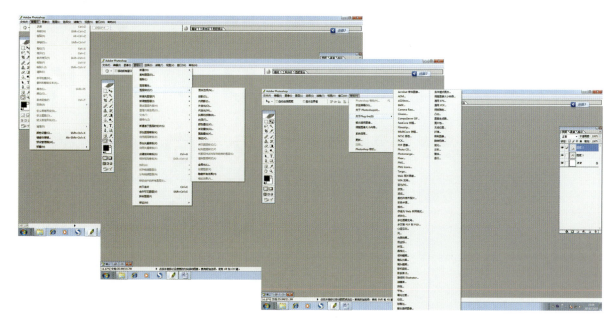

图 7-4　软件下拉式菜单

5. 软件图标设计

软件图标是运用图形化的方式来表达事物含义的一种图式。图标的设计形式分为:

(1) 通用的术语符号,例如关闭、最小化;

(2) 来源于象形的符号,如信封代表邮件;

(3) 利用抽象的图形组合代表特定的含义,如两个图标之间的省略号代表相互联系的形式。软件图标设计应尽可能通俗易懂,着重考虑视觉冲击力,便于用户理解。

图标设计是方寸艺术,尺寸有严格的规定,通常大小(像素)有 16×16、32×32 两种,有的软件图标像素为 64×4、128×128。根据系统要求的不同,图标色彩有具体的变化。同一系列的图标色彩、尺寸、风格等应保持一致,如图 7-5、图 7-6。

图 7-5　软件图标

图 7-6　软件符号图标

6. 软件滚动条及工具栏设计

滚动条主要是当窗口的内容较多,超出了窗口的显示区域,就会出现滚动条。滚动条一般包括滑块、移动按钮、背景条等。工具栏上为用户提供最常用的命令按钮,并根据按钮的功能类型进行归类划分。工具栏上的按钮可以拖动并能够按照用户的需要进行用户定制,如图 7-7。

图 7-7　3ds MAX 软件工具栏

7.2　软件界面设计原则

1. 易用性

软件界面中的按钮、图标、菜单等构成元素的名称应该易懂，用词准确，要与同一界面上的其他按钮易于区分，识别性强。

2. 规范性

规范性是软件界面设计应遵循一致的准则，确立标准并遵循，可使用户建立起标准的心理感受。例如，当对软件界面熟悉后，用户可随意切换到另外一个界面，并能够很轻松地推测各种功能，语句理解也不需要费神。以 Windows 界面的规范来设计为例，它主要包含菜单条、工具栏、工具箱、状态栏、滚动条、右键快捷菜单等标准格式，可以说界面遵循规范化的程度越高，易用性相应地就越好。

3. 合理性

进行软件界面设计时，注意人的视觉流动方向，一般为从左向右、从上到下，屏幕对角线相交的位置是用户直视的地方，正上方四分之一处为易吸引用户注意力的位置，在放置内容元素时要注意利用这两个位置，以符合人的视觉习惯。

4. 美观与协调性

为了吸引更多用户，界面设计时应该遵循形式美法则，符合美学观点，让用户感觉协调舒适，并能在有效的范围内吸引用户的注意力。

5. 软件界面的色彩风格协调统一与个性化

软件界面每个功能模块的色彩体系应该保持协调统一，例如：软件主界面色调以蓝色为主，每个功能模块界面的默认色彩最好与之吻合，若使用与之大相径庭的色彩，色彩的强烈变化会影响用户的使用情绪。

软件界面整体色彩要保持协调，但每个软件界面都应有自身的个性设置，以提升软件的魅力，满足用户的多方面需要。

6. 特有的界面构架设计

由于软件的应用范畴不同,应合理地安排界面版式设计,以求达到美观适用的目的。每一个软件具有它的行业标准,应分析软件应用的特征和流程制定相对规范性的界面构架。界面构架的功能操作区、内容显示区、导航控制区都应该统一规范,从而使整个界面统一在一个特有的整体构架之中。

【本章思考】

1. 谈谈软件界面艺术设计的基本原则。
2. 总结软件界面设计时应注意的问题。

第二部分 互动媒体设计系统

第 8 章 互动媒体设计系统概述

【学习的目的】
本章具体讲解互动媒体设计系统的基本理念及工作原理,介绍互动媒体设计系统的类别及主要的设计方法,如基于网络平台的设计、单机交互性设计以及基于个人终端的互动设计等。

【学习的重点】
互动媒体设计系统的类别及主要的设计方法。

【教与学】
采用理论讲解与实例分析相结合,通过提出问题、分析问题、共同讨论、案例解析等多种教学方式完成本章的教学内容。通过实践让学生了解网络平台的设计、单机交互性设计、个人终端的互动设计等类型的交互设计方法。

8.1 互动设计的概念

互动设计是近几年来新兴起的设计门类之一,与传统的单向媒体设计不同,互动设计最大的特色是加入了互动元素,受众从被动的接收转向主动的选择,而且接收方式也变得更加人性化。

互动设计的应用领域越来越广泛,从广告业到会展业,从医疗教学到工业生产,从军事模拟到数字娱乐,无处不见互动设计的身影。近年来,互动广告越来越被大众所喜爱,而互动设计更变成会展业的新宠,成为各大展台的主要展示方式。产品数字化设计及产品的网络化展示设计,提高了产品的设计效率。目前基于手机多媒体移动平台的互动设计应用也如雨后春笋般成长起来,如可以提供在自身所在区域找朋友、找饭店、找车位等服务的邻讯网,基于移动通讯的互动设计,在各类博物馆的导示系统设计上也带来了很多惊喜,将网上虚拟三维展馆与现场互动导览系统相结合,参观者通过多媒体手机便可享用展馆内的空间导航、现场解说、信息获取等多种服务功能,具有非常大的商业发展潜力。

图 8-1　各类互动设计

8.1.1　互动设计的理念

互动设计是设计变革的一个重要标志,是基于互动的一种媒体设计新观念。数字技术的发展为交互设计打下了技术基础,网络和无线技术的飞速发展和普及,整合了不同平台上的系统应用,连接起各类传播终端,为交互设计搭建了一个全方位的双向交流平台。

在新技术的主导下,一方面,互动设计不断创造出新兴的媒体模式,如互动广告设计及建立在以多媒体手机等个人信息终端平台上的互动设计应用等;另一方面,它也激发了对传统媒体传播发布模式的变革,传统的媒体设计大多是单向的,传播者具有绝对的话语权,直接通过公众媒体向大众进行信息发布,大众只有被动接受或拒绝接收,没有其他选择的自由。互动设计打破了这一格局,从传统的单向、单一的发布模式向双向、系统的发布模式转变,为最终整合各类资源,进行系统化互动设计提供了无限可能。

8.1.2　互动设计的特点

与传统媒体设计相比,基于数字技术的互动设计具有自己鲜明的特点。

1. 多媒体的内容组成

文字、图片、视频、音频这些基本的信息形态是媒体设计的基本表现元素。文字元素可以清晰地表述主题;图片则可以通过具有震撼力的画面,瞬间抓住观众的眼球,用最直观的视觉元素传达出丰富的内涵。这种图文混合的媒体形态是纸质媒体主要的内容表现形式。视频、音频元素则更具有临场感,对真实人物和事件的采访等更具有说服力,是电视和广播的主要表现元素。

互动设计在内容组织上,打破了传统的单一种类的素材应用,集图文、音视频于一体,更加灵活地组织媒体内容,通过多种形态的内容组织,可以更深入全面地展示作品主题。

2. 多元的界面表现

界面是指媒体与受众的信息接口,报纸和电视机就是这两大主流媒体与受众的信息接口,人们通过看报纸来阅读新闻,通过看电视来获取信息。进入数字时代后,显示器和键盘鼠标、触摸屏则成了数字化时代新媒体与受众交流的接口,也就是人们常说的人机接口。

伴随着互动媒体时代的到来,鼠标键盘等已被大众习惯的人机接口正面临着重大的变革和挑战。借助电子传感技术,受众与媒体接触的界面将变得更加直观、亲近。人们用各种肢体语言或声音等就可直接向计算机传达指令,如对着屏幕吹气,就可以控制计算机中的虚拟柳条随风摆动。这些多元的界面设计摒弃了传统的鼠标键盘,让交互功能变得更加直观、感性,让观众可以尽可能忽略技术成分,享受更纯粹的艺术感受。

图 8-2　手控的互动设计作品

3. 开放的艺术体验

传统的艺术设计大多是固态的艺术,一旦设计完成,便凝固成一个固定的作品模式,而很多互动设计作品则是由设计师设计好一个游戏规则,吸引参观者的参与,在参与的同时,参观者也成了作品的一个组成部分,这种开放的特征,使得一个互动设计作品具有了无限的可能性。

图 8-3　开放的互动设计作品

运用开放性语言设计的互动作品不再是封闭的、固化的作品，增加了时间、空间、人等多个维度的互动作品，具有无限的表现力，是未来互动设计的发展方向。

4. 交互性带来更多参与乐趣

交互性一直是互动设计的基本符号，不仅可以给观者带来类似于做游戏的乐趣，还可以使信息传递更具有人性化，满足观众更个性化的需求。借助数字化技术，对作品进行重新解构、分割、组合，通过交互方式，可创造出一种全新的感官体验。

图 8-4　新媒体互动作品《城市迷宫》

《城市迷宫》是通过城市影像的有机组合，表现出现代人迷失在繁华都市的迷茫、彷徨的心情。借助电子传感装置，观赏者可以通过脚下的踏板，选择不同方向，在城市中行走，以此来控制作品的播放轨迹，多种组合使得不同的参观者在欣赏同一个作品时，由于选择了不同的道路而感受到截然不同的心灵体验。

8.1.3　互动设计类别

互动设计的应用领域非常广泛，但依据其表现形态，主要可分为信息交互设计和交互装置设计两大类。

1. 信息交互设计

信息交互设计是互动设计的主要类别，这类设计主要服务于信息传播领域，有基于网络平台的交互网站设计、基于 CR-ROM 的宣传光盘设计以及各种放置于公共空间的信息查询系统等形式。

这类设计最基本的特点是以用户体验为核心，即"以用户为中心的设计"，会提出一种创新的使用方法，让用户感觉到愉快、有效、舒适，让使用更简单。运行终端大多是计算机或手机等个人无线终端，面向的使用对象大多是个人用户。基于这样的特点，信息交互设计的重点是进行信息的有效传输，用户可以不受时间、地点的限制，自由方便地获取各类有效信息。因为每个终端大都是面向单一用户，计算机显示器和触摸屏是最好的交互界面选择，所以在这类设计中较少考虑其他形式的人机界面。

图 8-5　展览馆的信息查询互动设计

信息交互类设计的重点在于对信息进行有效传播,所以在信息传播方式设计上应尽可能提供实用的传播方法和充满趣味性和吸引力的信息组织形式。

实用的传播方法是指为信息交互设计创造出满足大众生活各种需要的新型传播模式,比如在超市手推车上加装一个商品查询显示屏,基于无线网络的查询装置可以提供各种实时商品信息,方便顾客购物;出租车上的车载互动显示屏不但可以发布广告,还可以提供旅客对城市各类信息的查询,已发展成一个优秀的商业传播平台。这些新的传播方法的研发为互动设计带来了全新的商业应用方向,也让互动设计在提高人们的生活质量上起到更大的作用。

图 8-6　超市互动推车设计

在进行信息交互设计时,好的信息组织形式是设计成败的关键,由于此类设计所传播的信息量比较大,有些信息也相对抽象和枯燥,所以在进行信息交互作品设计时,要创造出更多有趣味性的组织形式,减低信息内容的乏味性。比如在页面设计中,加入交互游戏以及交互动画,可以让用户在玩乐中获取信息,提升吸引力。大部分时尚企业或媒体娱乐公司的网站设计都采用了这样的信息组织形式,比如 NI-KE 公司的产品页面就大量采用了 flash 制作的动画交互页面设计,让枯燥的商品展示变得生动有趣。

图 8-7　NIKE 网站互动设计

另外,为了让抽象的信息变得更具体,还可以采用虚拟现实或图解的方式,如 2010 年上海世博会就建立了网上世博,提供三维的展馆展示,外地用户也可以通过网络平台参观世博会了。在公共空间导览系统设计上,还可以通过交互地图的方式提供用户查询,通过这些有趣而实用的页面形式创新,可以更好地将信息传播出去。

图 8-8　上海世博会网上世博

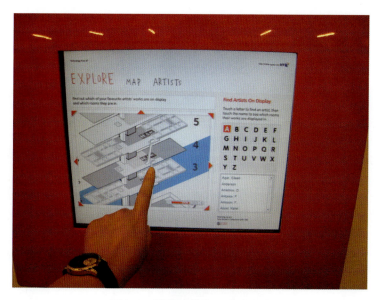

图 8-9　博物馆的交互地图设计

2. 交互装置设计

交互装置设计是互动设计的一支新军,虽然新,但却发展快速,充满活力。交互装置设计除了具有互动功能这一基本特点外,还具有装置艺术的基本属性。这些作品大多具有人性化的交互界面设计,并且大多展示于公共空间中,如一些互动广告设计,为了吸引更多的关注,在设计上力求展示形式的丰富,充分利用场地和人流情况,借助各种技术手段进行人机的多元化交互界面设计,给观众带来全新的身心体验。

在设计交互装置设计类互动作品时应该注意两点,一是利用各种新技术创作一个新奇的交互体验,二是充分利用公共空间进行装置设计。

由于交互装置设计作品大多运行在公共空间,面向川流不息的行人,因此交互界面设计中应采用更多的自动感应方式以取代键盘鼠标的限制,可借助红外线等传感器,检测行人的位置,并将数据传输给计算机系统以控制播放内容等。如图 8-10,这个户外交互广告是 Nikon 公司 2009 年的广告,它是一个典型的交互装置设计作品,当行人走上红毯来到广告屏前时,屏幕上的人物会集体用相机对其进行拍照,以达到产品宣传的目的。这个互动广告通过感应器感应行人的位置,计算机接收到行人走近的信号时,系统便会播放拍照的视频。作为公共空间的互动广告作品,该作品充分展现了交互装置的特点,为行人带来新鲜的感官刺激。

图 8-10　Nikon 公司户外广告

交互装置设计的另一个要点是要充分利用公共空间。交互装置的展示平台可以有很多选择,比如各种通道的墙壁、地面等,甚至有互动设计师将作品发布在摩天楼外墙上,用可控的窗户灯光作为屏幕,利用手机发送短信等方式与其他参与者一起在摩天楼幕墙上玩一场挖金子或撞球的游戏,如图8-11。

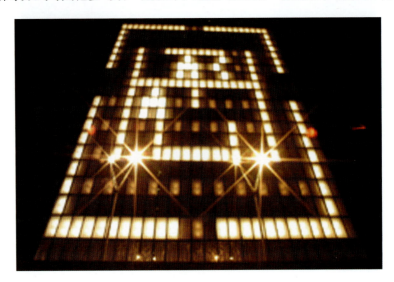

图8-11　摩天楼幕墙互动游戏

8.2　互动设计创作

8.2.1　互动设计流程

互动设计的应用领域很广泛,不同的设计类别其表现形式、发布空间都不尽相同。虽然不同的设计类别其设计内容有比较大的差异,但总体来讲,大部分互动设计作品还是基于以下几大流程进行创作与实施的。

1. 项目策划

对于任何类别的互动设计,前期的项目策划即进行深入的市场调研,以便更好的收集设计需求,分析成功的设计范例,了解最新的技术资讯,扩展设计思路都是必不可少的。

项目策划书中应该细化到具体的设计实施方案,从内容组织到技术与艺术的表现都应该有一个详细的规划,尽可能将各种困难提前预估,对所要采用的技术进行认真的调查、考证,必要时甚至要做技术测试,确认其可行性。

2. 内容组织

互动设计作品的内容组织是一个复杂的系统工程,首先需要进行总体内容的组织结构设计,设计原则要符合常识规范,满足用户的一般认知习惯,接下来再进行信息的收集、整理和归类工作,有些元素还需要修改或重新制作。

3. 艺术表现

互动媒体也是一种视觉媒体,画面的艺术效果对于作品的整体呈现起到了至关重要的作用。一个完美的画面效果不但可以博得眼球,更让用户在欣赏作品时赏心悦目,减少疲劳感。

4. 技术实现

技术实现是互动设计作品完成的重要标志,不同于其他视觉设计,互动设计更侧重于互动,而互动功能大多是通过软件和硬件实现的。技术有时很复杂,涉及诸多方面,硬件方面如机械传动、机电控制,软件方面包括硬件接口程序、软件互动环境设计等。

5. 系统安装

互动设计形式特别多样,有些要结合装置进行现场土建施工,如制作一个半球屏幕等,有些还要进行现场设备调试,如安装摄像头、投影仪等。只有顺利完成这一步,互动设计作品才算整体完成。

8.2.2 互动设计方法

对于初学者来讲,互动设计是难度比较大的设计类别,在创作过程中不但需要设计师有发散的思维,还要有缜密的心思进行项目实施。在设计过程中,如果掌握一些好的设计方法就可以帮助我们更好地完成互动设计项目。互动设计的方法有很多种,对于初学者来讲,以下三种方法有助于互动设计创作。

1. 借力方法

互动设计的借力法源于互动设计的杂合性。互动媒体设计涵盖的知识领域过于宽广,对于一个互动艺术家或设计师来讲,必须具有综合的设计能力才能掌握各类专业技能,这对创作者有较高的要求。所以互动设计师必须另辟蹊径,尽可能借助一些现有技术,加以少许的改进,以满足互动项目的设计需要。

借力法可以用在交互设计的各个环节,如在进行交互界面硬平台的设计时,对计算机现有的外设键盘、鼠标等稍加改造,便可制作出新的人机交流接口,详细方法可参考后面的章节。也可以借助专门为互动艺术家研发的单片机作为人机接口模块,大大减轻组装单片机的工作量。另外还可以直接借助一些现有的电子产品,比如项目中所用的电源,可以直接用淘汰旧家电的稳压源代替,而一些现成的电子产品也可以经过改造,变成互动设计中重要的元件,如任天堂公司推出的家用游戏机 Wii 的操控手柄就常被用在互动设计的人机界面中。如图 8-12 所示,互动作品《跳舞机》就借用了一台旧的电子琴,对其重新改造,便成了可以用肢体舞动来弹奏音乐的互动作品。

图 8-12 新媒体互动作品《跳舞机》

在互动设计中,借力法可以大大降低技术研发的时间成本,减轻技术对设计工作的压力。

2. 跨时空设计方法

网络发展为我们提供了一个可以实时进行跨空间对话的基础,在互动设计时可以充分利用这一优势,实现跨空间的互动交流。新媒体互动设计作品 *Blind Camera* 就充分利用了手机的无线联网功能,这个"相机"没有镜头,没有取景框,只有一个按钮和一个显示屏,事实上它由一个手机改造而成,对准喜欢的位置,按下"快门",后台服务器就会在 Flickr 网上搜索你按下快门时其他人刚好上传的一张图片,并将此照片显示在你的 Blind Camera 屏幕上,如图 8-13。

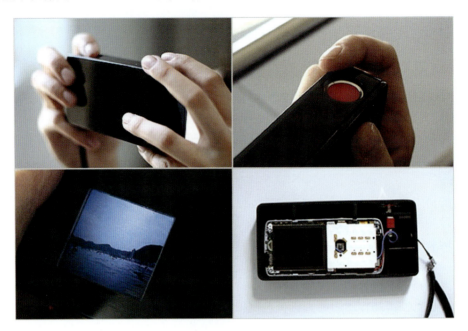

图 8-13　新媒体互动设计作品 *Blind Camera*

很多互动设计作品都融入了网络概念,如图 8-14,这个新媒体互动设计作品,参观者在现场拍照后,系统会根据其肖像自动生成一个二维码图片,并被快速打印出来给观众保留,参观者还可以查阅相应的网站,找到相关的照片与二维码信息。跨时空的设计方法打破了互动设计的时空障碍,让设计变得更自由。

图 8-14　新媒体互动设计作品

3. 系统化设计方法

互动设计是一种新的设计类别,与其他艺术设计不同,它所涵盖的领域多样,没有一定的设计规则可循,以往一说到互动设计很多人就只想到网页设计、多媒体光盘设计,或是触摸屏自助信息咨询设计等,当然这些都是互动设计的重要组成部分,但他们只是互动设计的初级阶段,绝非互动设计的终极目标。因为这些设计还只是利用了互动设计的一些表现特点,远没有充分发挥其本质优势,系统化的整合互动设计理念才是其终极目标。数字化技术使互动设计的媒体信息共享不再是问题,网络及无线技术的普及则为互动设计搭建起大展宏图的平台,这就为系统化整合提供了前提条件,为系统化的互动设计打下基础。

所谓系统化的互动设计就是在设计过程中,不再单纯地只考虑设计的某一项单一功能,而是将各种媒体渠道整合起来共享后台数据,再根据不同的设计目标与终端设备,进行系统化的互动设计项目开发。如为一博物馆开发互动信息导航系统时,就可以采用系统化的设计方法。在共用后台数据库的基础上,既可以开发出实时更新的网站,又能为现场用户提供触摸屏信息查询的平台,同时还能为移动用户提供手机信息导览功能。这种多位一体的设计方法,充分满足了客户各种差异化的需求,在为用户提供全方位、高质量信息服务的同时,又节约了运行成本。

8.2.3 工作团队组织

互动媒体是一门跨学科的设计,涉猎的知识领域非常宽泛,所以要进行一个大型的互动设计项目时,必须组建一个完整的工作团队。其组成有:

1. 项目策划师:负责项目总体策划与实施过程中的流程管理工作。
2. 内容组织与美编师:负责项目内容的采集、制作与整理,并完成项目的美术设计,包括平面设计、音视频编辑、动画制作等。
3. 程序设计师:负责项目的程序设计工作。
4. 机电装置设计师:负责交互界面硬平台的设计与实施工作。
5. 安装与调试师:负责现场装置施工、系统安装并总体调试工作,以保证互动设计系统的稳定运行。

【本章思考】
1. 说说互动设计的类型及特点。
2. 总结互动系统的设计方法。

第 9 章　互动设计的元素组织

【学习的目的】
本章具体讲解互动媒体设计元素的类别及特点,并对互动媒体设计元素的内容进行详细分析。
【学习的重点】
互动媒体设计的元素构成。
【教与学】
采用实例分析的方式讲解互动媒体设计元素组织的内容,通过提出问题、分组讨论等方式掌握设计元素的知识点。

9.1　互动媒体设计元素类别

互动媒体设计是一项综合的设计形式,不同于其他设计类别单一的设计模式,互动媒体将不同种类元素根据一个设计目标,进行系统整合,最终组成一个综合各种媒体形式的交互设计作品。所以在进行互动媒体设计时要根据需求,事先准备好如下所需的各种设计元素:

1. 图片元素:用于位图与矢量图片的拍摄与后期制作。
2. 动画元素:用于二维及三维动画的制作。
3. 视频元素:用于各类视频的采集、编辑。
4. 音频元素:用于录音及各种音效制作。

9.2　图片元素编辑

9.2.1　元素应用场合

图片元素是应用最广泛的设计元素之一,几乎所有的互动设计作品都需要用到大量的二维素材。

9.2.2　软件选择

可以制作图片元素的软件有很多种,主要分为两大类:图像设计制作软件和图形设计制作软件。前者主要用于对照片等位图图片进行处理,后者则可用于矢量图片的绘制与编辑。

图像软件处理的对象是位图文件,因为其工作原理是对图片的色彩点阵进行处理,所以位图文件相对较大,目前首选的软件是 Adobe 公司的 Photoshop,因其功能强大,所以占领了图像设计的大部分市场。Photoshop 是一款经典图像处理软件,界面设计人性化,功能精炼,使用简单,无论对于初学者还是专业人士都是最佳选择。

图形类软件是针对矢量图进行绘制与编辑的,因为矢量图形通过数学模型的方式对元素进行记录和存贮,与图像软件相比,矢量图形不受分辨率的限制,存贮的文件相对较小,可以绘制各种复杂而精确的图案图形。图形制作软件有较多选择,如 Adobe 公司的 Illustrator 和 Corel 公司出品的 Coreldraw 都是功能非常强大的矢量制作软件,如图 9-1。

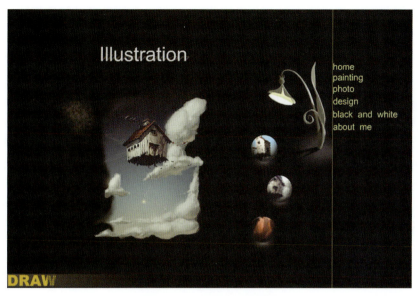

图 9-1　互动设计作品界面

9.2.3　编辑要点

由于互动项目基本上运行于计算机显示终端,受发布平台的限制,在进行图片元素编辑时要注意以下几点:

1. 文件尺寸要适当

由于是为互动项目设计准备元素,在制作图片元素时,文件尺寸会影响最终互动作品的显示质量,因此图片文件尺寸的设定应本着适当的原则,大小最好和互动设计所需要的尺寸相当,太大浪费资源,太小则造成作品的画质低下。

例如互动作品的显示规格是 720×576 像素,那么要为其准备的背景图片也应该设置成 720×576 像素。制作时有人盲目崇拜图片的高质量,实际上元素的分辨率或尺寸比实际需求高太多的话一方面浪费了资源,另一方面在呈现时还会出现虚线等不尽如人意的结果,如图 9-2。

图 9-2　互动设计作品图片界面

2. 文件格式的兼容性

目前软件更新换代频繁,兼容性一直是软件间文件传递的重要指标,不同软件,甚至不同版本间文件格式的兼容性都有可能出现问题,所以要不断去尝试,找到一个适合自己的软件环境的兼容格式,保证设计的顺利进行。

图片文件存储时要注意格式的兼容性和 Alpha 通道特性,这将影响图片文件是否会被顺利导入互动设计软件中。目前 TGA 和 PNG 等图片文件格式一般都带有 Alpha 通道,可以存储半透明的图片,这样便可让导入互动设计软件的图片具有更大的自由度。

3. 文件精度的一致性

文件精度的一致性是互动项目图片准备的重要指标,互动媒体设计大多是大型的设计项目,一个项目需要用到较多的图片元素,如果他们的精度不统一,有的精度高,有的精度低,那么制作出来的互动作品质量也将受到影响。

9.3 动画元素编辑

9.3.1 动画元素的应用场合

动画元素是互动媒体最常使用的重要元素之一,经常被用在互动媒体的界面设计及内容设计等环节,无论是二维动画还是三维动画元素,除了具有更丰富的表现风格,可以更好地装扮项目外,他们还具有虚拟现实的作用,比如可以用二维动画解释抽象的概念,还可以用三维动画制作虚拟现实的场景,让抽象的空间具象化,给观众一个更清晰的感观体验,所以动画是互动设计中非常重要的组成元素,如图 9-3。

图 9-3 互动设计作品动画界面

9.3.2 动画元素软件选择

动画又分二维动画和三维动画,二维动画的制作软件很多,目前广泛应用的是 Adobe 公司的 Flash,用它制作二维动画简单快捷,可以快速制作精美的二维动画元素。专业的二维动画软件也有很多,如 Retas 等,这类软件主要用于大型二维动画影片的制作,对于互动设计常用的二维短片较少选用这类软件。

三维动画的制作软件也有一些不同的选择,目前市场占有率较高的主要有 3DS MAX、MAYA 两种,它们都可以用于制作三维动画场景及三维角色动画。

9.3.3 动画元素编辑要点

1. 软件选择适当

根据实际需要,选择合适的二维或三维动画制作软件,有一些视觉效果表现出来的是二维的感觉,但实际上是用三维软件渲染的二维效果。

2. 文件格式的兼容性

在进行动画制作时,输出文件格式的兼容性同样非常重要,应根据不同的互动设计合成环境,选择合适的输出文件格式。比如为一个应用于网络平台的互动项目准备动画元素的话,动画文件格式首先应该适合网络平台的标准,如专门为网络平台设计的动画格式 SWF 就是不错的选择;而如果是三维动画元素,也可以输出成 Flash 的视频格式 FLV,这些格式的文件采用了适当的压缩方式,文件相对较小,适合网络传播。

9.4 视频元素编辑

9.4.1 视频元素应用场合

在互动媒体设计中,视频片段是使用率非常高的元素之一。视频文件以其绚丽的画面组成,真实的影像为作品带来强大的冲击力,很多互动媒体设计项目大量使用视频文件。

9.4.2 视频元素软件选择

视频元素制作主要分为三个方面的内容:视频拍摄、视频剪辑和视频包装,不同的工作目标选择使用的软件也完全不同。

并不是所有的视频元素都需要重新拍摄现场。如果需要进行重新拍摄,在进行拍摄前,要对拍摄内容进行详细的规划;如需要进行后期抠像合成,在拍摄时就需要准备蓝屏或绿屏,并进行专业的灯光布置,这样拍摄出来的视频才可以为后期提供优质的素材,便于后期进行高质量的抠像合成,如图 9-4。

拍摄好的视频必须进行剪辑,一般称为视频的非线性编辑,对视频前后顺序进行重新编排,完成配音或添加字幕等工作。非线性剪辑软件非常多,选择余地大,既有大型专业制作系统,也有小型制作软件。大型非线性剪辑系统如 AVID、SMOKE 等,功能强大,但价格昂贵;小型非线性编辑软件如 Adobe 公司的 Premiere 或苹果公司的 Final Cut Pro 等,这些软件对计算机系统运行环境要求较低,功能也很全面,适合于中低端的视频剪辑需要。

在进行视频元素制作的时候还有一个很重要的环节就是对视频进行后期的包装,比如给视频添加艺术效果,进行多场景合成,或制作特效片头及片花等,这些视频特效需要在专门的视频后效软件中制作。和非线性编辑一样,此类软件也分大型影视特效制作系统和小型制作软件两类可供选择,Adobe 公司的明星产品 After Effects 虽然不及高端产品高效便利,但其功能全面,操作灵活,市场占有率较高,各种外挂插件容易获得,是目前个人或小制作团队的首选。

图 9-4　互动设计项目蓝屏视频拍摄

9.4.3　视频元素编辑要点

1. 拍摄前期准备周密

拍摄前要做好周密的准备工作，以保证拍摄的顺利进行。事先需要准备性能较高的摄像机、三脚架、灯光等设备，视频拍摄时要注意布光，取景时应避免穿帮。

在互动设计中，经常需要为后期抠像拍摄素材，这就需要借助虚拟演播室进行拍摄，如果使用专业的演播室有困难或场地较小限制拍摄，也可以采用土法自制简易蓝屏进行拍摄。

2. 视频剪辑流畅

把拍摄好的素材导入编辑机里，在非线性视频编辑软件中对素材进行重新编排，剪辑原则是保持色调统一，画面节奏流畅。

3. 视频特效华美

视频特效的制作比视频剪辑要复杂繁琐得多，可以单独制作特效视频，然后再导入非线编软件中进行合成。视频特效制作类似动画，追求画面效果绚丽华美，节奏明快，主题鲜明，如图 9-5。

图 9-5　互动设计作品界面

9.5 音频元素编辑

9.5.1 音频元素应用场合

音频是互动设计制作中不可缺少的重要元素之一,音频除了可用于背景音乐外,还可以为按钮或精灵等互动模块添加音效,对于一些需要配音的场合,还需要录制对白等。

9.5.2 音频元素软件选择

用于声音录制与编辑的软件比较多,小型制作项目可选择 Adobe 公司的 Adobe Audition 音频剪辑软件,该软件不但可以录制旁白,对现有音频进行剪辑,还可以对音频进行修饰,添加各种声音特效。

9.5.3 音频元素编辑要点

虽然专业软件可以帮助你更好的完成编辑工作,但对于原始素材的录制环节也不能忽视,录音最好选择专业录音棚,以保证录制的水准。在为同一个交互项目准备声音文件时,特别要注意以下两点,其一是所有音频文件的音量都要调适到相同的高度,其二输出的文件要选择兼容性高的格式,以保证在互动项目制作时能顺利调用。

【本章思考】

谈谈互动设计元素内容及特点。

第 10 章　互动设计软件平台

【学习的目的】
将互动设计中系统集成的软件环境进行展开，学习如何对多种媒体元素进行整合，从而完成软件环境下的互动设计。

【学习的重点】
软件环境下的互动设计特点。

【教与学】
采用实例分析的方式讲解软件环境下的互动设计特点，通过互动媒体设计软件的讲解，让学生掌握如何利用软件进行互动设计。

互动媒体设计是一项新兴的跨越多学科体系的系统化设计类别。它集视频、音频、图文等多种媒体元素于一身，在网络信息技术及机电控制技术的基础上创建人性化的交互界面沟通平台，是一种全新的系统化的艺术创作形式。目前，大部分互动设计都由下面两个部分或其中一个构成：完成互动逻辑设计的软件平台和实现人性化交互界面功能的硬件平台。其中，软平台主要解决不同类别元素的系统集成及交互的逻辑关系等问题。上一章已简要介绍了各种互动素材的准备，本章首先将就交互设计的软平台设计进行展开，分析软件的选择，学习如何在相应的软平台上完成基于软平台层面的交互功能设计。

10.1　交互界面软平台设计

10.1.1　交互界面软平台设计概念

软平台设计是交互界面设计的重要组成部分，大多数互动设计都包含了软平台设计。软平台主要是在计算机的软件环境中搭建交互界面功能，交互操作方式主要借助于计算机的外设，如键盘、鼠标、触摸屏等来实现人机交互功能。

目前，有一些类别的互动作品包含了软平台设计，它们的展示终端主要是个人电脑，用户在个人电脑上完成交互操作，其主要应用领域涵盖了网络传播、企业宣传、广告推广等几大主要的媒体市场，是互动设计最成功的商业产品类别之一。

10.1.2　交互界面软平台设计流程

进行交互界面软平台设计是在计算机上完成互动媒体系统的搭建与所有软界面设计工作，即互动媒体设计中基于计算机的主体设计工作环节。

进行交互界面软平台设计首先要将系统结构框图清晰地罗列出来，接着按需要准备全部媒体素材，包括图片、图形、视频、音频等资料。搭建交互界面软平台的软件环境有很多选择，目前比较流行的是 Director、Flash 或 Virtools、Cult 3D 等一些三维引擎类软件。

在确定软件环境后，即需要将注意力放回设计层面，交互界面的美术设定往往能更直观地表达作品的设计理念,所以在开始系统设计前要做好美术设定的工作。界面的美术设定讲究主题性和系统化,即要围绕设计主题选定色彩及图案等,如是家居生活类的,色彩的设定往往倾向于温馨浪漫,形式感上更注重细节化的点缀;如果是为科技产品或企业设计项目,则在色彩上就应采用更理性沉稳的冷色或中性色,图案设计上则更加推崇硬朗而精致的线条。所谓系统化是因为互动设计往往是由一系列界面组成,所以界面间既要有个性又要保持统一的格调,系统化的美术设计可以给使用者很强的心理暗示,有利于作品整体形象的塑造。

最后要在选择的平台上依据美术设定进行每个页面的设计,并搭建系统结构,实现互动功能的设计。互动媒体的界面软平台设计往往通过鼠标或键盘等计算机外设实现对系统的控制。在设计时要熟练掌握这些外设的程序控制,这样才能很好地完成界面的软平台设计功能。

图 10-1 互动设计作品界面

交互媒体界面的软平台设计类别很多,可选择不同的软件环境,采用不同的界面布局方式,特别是在界面控制上,可以用不同的编程方式组织交互界面功能的实现,如图 10-1。

10.2 互动设计软件选择

互动设计中媒体元素集成是一项重要的工作,即将各种元素放在一个软件平台上进行系统整合,创作出一个可以运行于软件环境的互动作品,从而完成互动设计的核心创作工作。

互动设计软环境集成开发可以在很多软件环境下进行,如 Macromedia 的多媒体制作软件 Director 或 Flash,这两个软件都具有图形化的界面编辑窗口,而且都提供可供二次开发的编程语言环境,如 Director 提供的 Lingo 编程环境和 Flash 提供的 Action Script 编程环境都是基于脚本式的高级编程语言。另一个目前很流行的互动设计软件是 Processing,专门为设计师进行互动媒体创作而开发,其编程语言更加简单易懂,但与 Flash 和 Director 相比,它没有图形化界面,全部设计都需要进行程序源码的编写,这对于设计师来说还是有一定的难度的。

无论如何,编程对于艺术家或设计师来说都是一个巨大挑战,对于完全不善于编程的设计师还有另一类选择,即节点类的编辑语言环境,Max/Msp Jitter 就是其中的重要代表,它不需要编写复杂的程序源码,创作过程就像搭乐高积木一样,无论是长的、方的,还是音乐的或视频的,一个个模块拼接起来就形成了一个互动作品,而不需要像 Processing 那样为每个模块单独编写代码,节点类软件还有 VVVV 等可供选择。还有一些三维互动软件,如 Virtools、Cult 3D 等,其中,Virtools 软件内建有超过 600 个的行为模组,可同时满足无程序编写背景的设计人员以及高阶程序设计师的需要,有效缩短开发时程,提升效益。

10.2.1 Director 软件

Director 原是 Macromedia 公司的明星产品,曾经被评为最方便的互动媒体产品制作软件之一。其以清晰的结构、简单的操作等优点,多年来一直被多媒体设计专家、教师、工程师以及艺术工作者所喜爱,并且广泛使用。它可以创建包含高品质图像、数字视频、音频、动画、文本以及 Flash 等多种文件的多媒体互动设计,除此以外,它在游戏设计、画图程序、幻灯片制作等方面都有广阔的使用空间。虽然目前在 Flash 强大的攻势下,它的市场空间有所压缩,但在专业领域仍有广阔的市场空间。

10.2.2 Flash 软件

Flash 是 Macromedia 公司的另一个重要的互动媒体制作软件,它的前身是早期网上流行的矢量动画插件 Futureplash,后来由于 Macromedia 公司收购了 Future Splash 便将其改名为 Flash2,Flash 最初是为了给发展迅速的网络平台提供一个基于矢量动画的互动模式。

Flash 自诞生之日起就被广大用户所喜爱,随着其功能的不断被发掘,除了网络平台的动画展示,Flash 深度的交互功能设计潜力也被互动设计师所发现,在不长的时间内即成为互动媒体设计领域的重要建设平台。目前 Flash 被广泛应用于二维动画制作、动画互动网页制作、多媒体光盘制作及新媒体互动设计作品的创作等,已经渐渐成为交互矢量动画的标准,及图形化互动网络平台的标准。

10.2.3 Processing 软件

Director 和 Flash 都是以图形界面为主要编辑平台的软件互动媒体制作环境,目前在互动设计界还流行着另外一个软件环境,即纯代码编辑环境的 Processing 平台。

Processing 是一个类似 JAVA 的开放源码的程序语言及开发环境,这个编程语言环境的设计目标不是程序员,而是一些专门从事影像、动画、声音创作的艺术家、学生、建筑师、研究人员等致力于互动设计的人士。他们通过简单的编程,掌握一种可以与计算机音视频进行沟通交流的工具,用于互动艺术的研发。

Processing 是由一群艺术家与设计师开发的,是一个可以免费下载使用的互动媒体编程语言。Processing 由 Ben Fry 及 Casey Reas 发起,由麻省理工大学媒体实验室美学与计算小组构想发展出来,第一个版本于 2005 年 4 月 20 日发布,目前可以在其官方网站上免费下载最新版本(http://processing.org),如图 10-2。

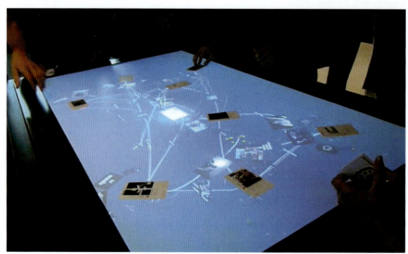

图 10-2 Processing 制作的互动设计作品

10.2.4 Max/MSP 软件

Max/MSP 也是一个互动艺术开发软件,它可以帮助互动艺术家研发基于音乐或声音元素的新媒体艺术作品。它的软件界面不同于图形界面与非程序代码界面,而是介于其间的模块流程式界面,在这个界面下不需要面对复杂的程序编码,所有的程序功能以小组件图标的方式存在,互动系统功能的建设就如堆积木一样方便,如图10-3。在这个独特的图像语言界面下,可以实现你的任何想象。它包含三大部分:Max 是软件的核心,负责处理数据的逻辑运算、资料存储与数据接口等工作;MSP 是专用于声音信号处理的元件组;Jitter 则负责处理影像分析与投射效果等。

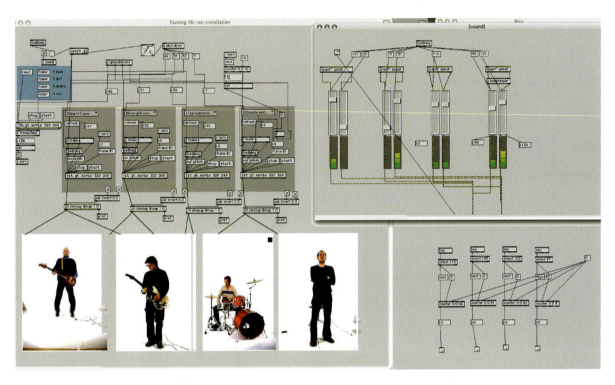

图 10-3　Max/MSP 制作的互动音乐设计作品

10.2.5 Virtools 软件

Virtools 是由法国达索集团下属的全球交互三维开发解决方案公司 Virtools 所开发的虚拟现实引擎。其特点是可同时满足无程序背景的设计人员以及高阶程序设计师的需要,有效缩短开发时程,提升效益。同时由于内建有超过600个的行为模组,可以让使用者快速设计出多样的3D数字内容。

Virtools Dev 可以利用拖放的方式,将 Building Blocks(行为交互模块)赋予在适当的对象或是虚拟角色上,以流程图的方式,决定行为交互模块的前后处理顺序,从而实现可视化的交互脚本设计,逐渐编辑成一个完整的交互式虚拟世界。

Virtools Dev 4.0 中内置的 Building Block 已经达到682个。这些 Building Block 涵盖了网络控制、逻辑控制、运动控制、材质编辑、鼠标和键盘接口、界面设计等多个方面的功能,只要进行适当组合,就可以制作出功能强大的三维交互系统。

采用 Virtools 开发项目还具有减小开发难度、降低开发周期、真实性好、交互性强等特点。

10.3　Director 互动设计基础

Director 由 Macromedia 公司最早开发设计,被 Adobe 收购后,推出了最新版本 Director 11。Director 与 Flash 一样,都是图形界面的互动设计开发工具。Director 不仅是灵活的多媒体整合平台,可将影音、动画、文字等元素有机整合成一个交互系统,高效的 Lingo 互动编程语言更为互动设计提供了高质量的编程控制平台。

Director 将影片制作概念引入到软件模块规划与功能设计中,使得软件的逻辑性更强,也更便于使用者理解软件的功能架构,快速学习使用技巧。目前,Director 已成为互动设计项目制作的重要平台,本节将简单介绍它的基本功能及项目创作流程,给互动设计师提供一个更快捷的工具选择。

10.3.1　软件界面设计

安装 Director 11 软件。待安装完成后,打开 Director 程序,进入编辑窗口,如图 10-4。Director 在软件规划中引入了电影制作的概念,整个交互艺术项目的创作过程就如一部电影的制作流程,先要准备演员,编写剧本,根据剧本的设定,将演员摆放到舞台上进行表演,完成影片整体的制作。

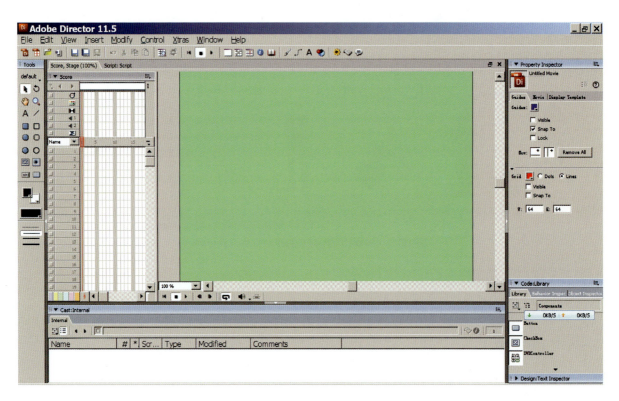

图 10-4　Director 软件界面

1. Cast 演员表窗口

放置影片所需要用到的所有演员,如同影片的后台。在进行互动创作前,需要挑选或制作所有影片需要用到的演员、道具以及互动程序脚本等,将这些元素存放于演员表中,以备后用。

演员表是存放演员的窗口,所有在影片中使用的演员都将存放在演员表中。Director 中,演员包括位图、矢量图、文字、视频、音频、程序脚本等所有影片中将用到的元素,如图 10-5。

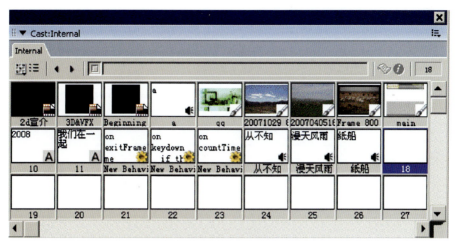

图 10-5　演员表

为便于管理,演员表又可根据属性与内容进行分类管理,点击演员表左上角的"Choose Cast"选择演员表,可以在一个影片中创作多个演员表,如图 10-6、图 10-7。根据存贮的位置不同,演员表又分为"Internal"(内部演员表)和"External"(外部演员表),内部演员表将演员表存贮在影片文件内部,会使影片文件变大;外部演员表存贮在影片文件外部,在影片中调用外部演员表里的演员只是在当前影片中建立一个文件链接,原文件则存贮在影片文件外面的目录里。影片中不包含外部演员文件,所以影片文件相对较小。外部演员表的另一个优点是可以被其他影片文件同时调用,实现演员表资源的共享。

图 10-6　创建新演员表对话框

演员表里演员的默认名称一般是导入文件的名称,为了便于编辑,可以在演员表里重新为其命名,选择演员,在演员表上面的名称栏里输入新名字,中英文皆可。

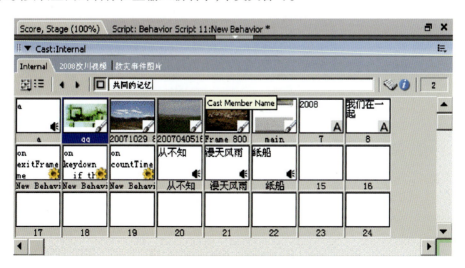

图 10-7　多演员表

2. Score 剧本窗口

以时间线为横轴,以通道为纵轴,将各类演员分别排列到剧本窗口中,在这个窗口里可以排列精灵出场顺序,对影片添加声音、转场设置或程序控制等功能,完成互动设计的整体规划,如图10-8。剧本窗口可以设置1 000个通道,通道的次序决定演员在舞台上的前后位置。

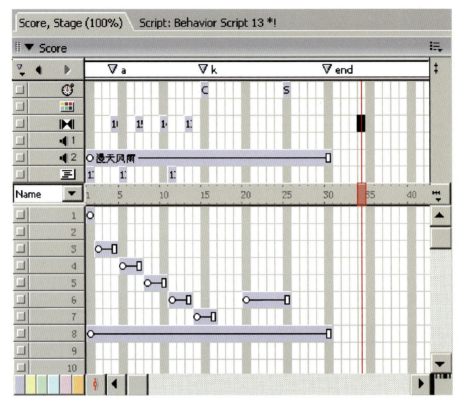

图10-8　剧本窗口

3. Stage 舞台窗口

Stage是影片呈现最终效果的窗口,相当于舞台的前台。可以在窗口右侧Property的"Movie"面板中设置舞台的基本属性,如大小,背景颜色等,如图10-9。

图10-9　属性面板

窗口右侧为参数面板展开空间,可根据制作需要随时打开或关闭某些面板,如库面板、行为面板等。Property 属性面板是默认展开面板之一,可设置影片各种元素的基本属性,如精灵、脚本、影片或演员等。

10.3.2 演员的编辑基础

演员是制作互动媒体项目的基础,在进行一个互动媒体设计前,需要准备好所有的元素,如视频、图片、声音、动画文件以及脚本演员等,这些演员可以事先在专业编辑软件中进行编辑,完成后再导入 Director 中。

除了可在专业软件中完成各类演员的制作,Director 自身也提供了一些简单的演员制作与修改功能。双击演员窗口里的演员,即可进入演员编辑窗口,如 Paint 位图编辑窗口、Vector Shape 矢量图编辑窗口或 Text 文本编辑窗口,在这些窗口中不仅可以对已有的演员重新编辑,还可以制作新的演员,当然 Director 自身的这些演员制作功能只是一些辅助模块,功能相对于专业制作软件还有很大差距,仅适合一些简单的编辑与制作,如图 10-10。

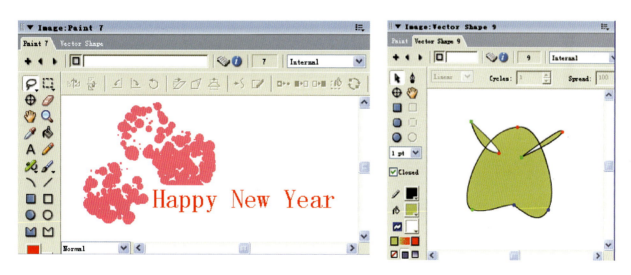

图 10-10　位图与矢量绘制作窗口

10.4　精灵制作基础

10.4.1　创建精灵

精灵是 Director 的重要概念,演员表里的演员被拖放到剧本中后,便成为了精灵。一个演员表里的演员可以被多次拖放到剧本中,产生多个精灵,每个精灵都可以单独设置其运动状态、时间位置及显示方式等属性。精灵这一概念类似于其他软件中的元件实例。

利用工具箱中的图形工具也可制作各种演员,如矩形、圆形或圆角矩形等图形演员,或者多选框、单选框、按钮和字符输入框等用于交互界面设计的各种元件,将他们拖入影片窗口就成了精灵,如图 10-11。

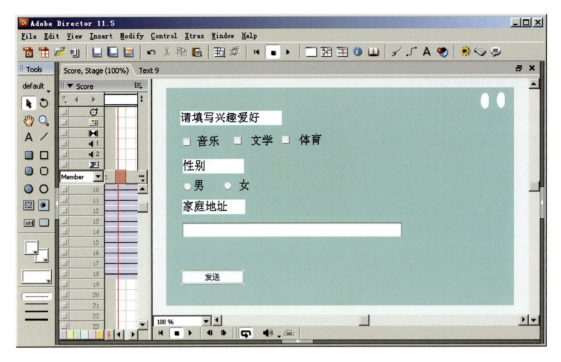

图 10-11　工具箱生成精灵

在这些通过工具箱制作的演员中,有一类外形像图形演员,但由它生成的精灵在影片播放时却是不可见的,由这些演员生成的精灵就是影子精灵,这些精灵同样具有精灵的一般属性,如激活区域等,唯一的区别就是在影片播放时不可见,它们的作用主要是用作进行交互设计时的辅助元素,比如可以为某个区域设置多个隐形的交互控制区域等,如图 10-12。

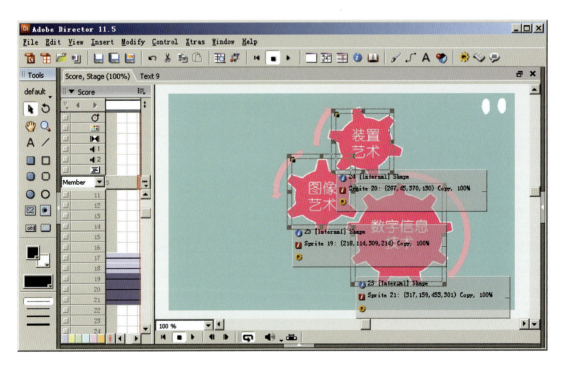

图 10-12　影子精灵

10.4.2 精灵属性

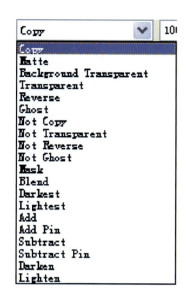

图 10-13　精灵的墨水属性

在舞台上点选精灵,在右侧的"Sprite"(精灵)属性面板中可以重新设置精灵的大小、Ink 属性和透明度等,如图 10-13。可以为精灵设置多种 Ink 属性,控制精灵在舞台上的显示效果。

将演员导入舞台生成精灵时,要根据演员的具体情况调整其 Ink 属性,可以让精灵或者去除背景显示,或者与舞台按照某种方式叠加显示。

10.5　精灵的动画设定

Director 是多媒体制作软件,与 Flash 一样,它也可以对导入舞台的元素进行动画设定,当然 Flash 是专业级的动画制作软件,可以制作精巧的二维动画片,而 Director 则仅提供一些简单的元件动画功能,如设置精灵移动、放缩或者旋转等。

Director 的动画设定也采用了最基本的 Tween 补间动画制作方式,通过对精灵设置关键帧的方式来实现动画功能,而对于连续演员的动画设置则可以采用 Cast to Time 或 Space to Time 方式实现。

当然 Director 除了在图形窗口手动设置动画外,还可以用 Lingo 编程语言编写脚本设置动画。

10.5.1　Tween 动画

Tween 动画即补间动画,是最普通的电脑动画方式,对时间线上的精灵添加关键帧,调整关键帧上精灵的属性,如位置、角度或大小等,两关键帧间便自动生成了补间动画,如图 10-14。其实现步骤如下:

1. Director 中,在时间线上选择精灵,拖动精灵到相应的时间位置,设置精灵动画起始关键帧。
2. 拖动精灵右端节点到动画结束帧,点鼠标右键,选择"Insert Keyframe",插入结尾关键帧。
3. 在头尾关键帧上分别对精灵的位置、角度等进行调整,这时可以看到一条运动路径,显示精灵的运动状态。
4. 在关键帧上鼠标右键打开"Tween"对话框,对运动速度进行调节。

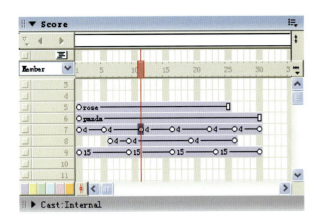 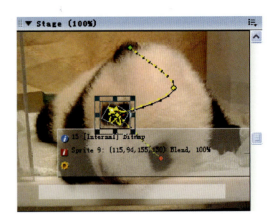

图 10-14　补间动画

通过上述方式做的动画是匀速的,但自然界的运动都是变速的,所以为了让动画看上去更逼真,需要对动画速度进行调整,按照自然界的运动规律改匀速为变速,实现对真实世界的模拟,如图 10-15。

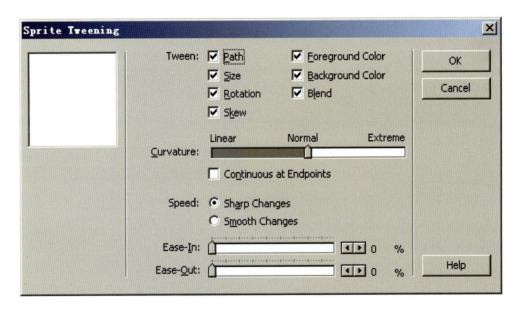

图 10-15　关键帧补间动画属性面板

10.5.2　Cast to Time 动画

补间动画是对单一精灵设置动画,这种动画可以灵活地控制每一帧动画的时间和状态,但它不能对一组连续画面的图片演员设置动画,比如无法对一个甩手的人设置走路动画。Cast to Time 命令正好可以解决这一问题,它可将一组动画演员逐帧地排列在一个精灵中,然后用补间方法再对其进行动画设置,如图 10-16。

1. 在演员表中按住 Shift 键,选择多个连续动画演员。
2. Modify > Cast to Time,即可在时间线上生成一个具有连续动画的精灵。
3. 对精灵进行补间动画设置。

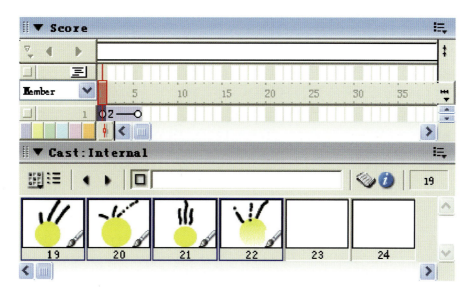

图 10-16　Cast to Time 动画

10.5.3　Space to Time 动画

与 Cast to Time 相似，Space to Time 可以把相邻通道中的精灵放置在一个通道中，生成一个具有连续动画的精灵，如图 10-17。

1. 选择一组动画演员，拖放到时间线上，每个演员各占一个通道。
2. 调整每个通道上的精灵，在同一时间线位置只留一帧。
3. 移动精灵的位置，在同一时间从左到右摆放在舞台上。
4. 选择所有通道，Modify > Space to time，设置分隔帧数为 5。
5. 影片中可见一个具有运动路径的多帧动画。

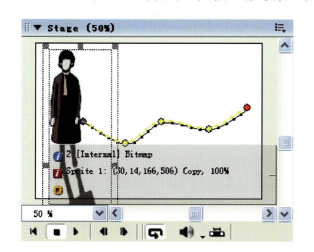 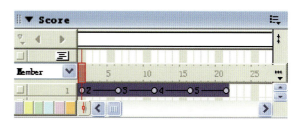

图 10-17　Space to Time 动画

10.6　交互功能实现

Director 的交互功能是通过 Lingo 编程语言实现的，在相应的编程环境下写好控制语言段，存于演员库中形成各类脚本演员，再将这些脚本放置在脚本通道上或赋给某个精灵，完成相应的交互功能。

10.6.1 Lingo 简介

Director 是通过脚本语言进行互动控制的，Director 内部自带了一个高级脚本语言环境 Lingo，Lingo 与 Java 相似，所有 Lingo 命令都有相似的 JAVA 语句，对于熟悉 JAVA 的设计师来讲，掌握 Lingo 更容易。

Lingo 具有强大的交互控制功能，可以对各种舞台上的精灵、后台中的演员进行实时控制，如控制电影的播放、响应用户在影片播放时对鼠标或键盘等设备的各种操作，也可设置在关闭影片时直接对电脑发送关机指令等。除此之外，Director 的 Lingo 还支持网络和 3D 功能，可以快速制作三维交互游戏，并发布于网络平台，用户可以直接在网络上玩这款交互游戏。

10.6.2 脚本类型

在 Director 中，脚本依据使用情况的不同大体可分为行为脚本、电影脚本、演员脚本及父脚本。

所有脚本都在专用窗口完成，在脚本编写窗口编写 Lingo 脚本，可以在编写格式上对代码进行规范，窗口还提供了很多辅助工具，如进行脚本命令查询及脚本编译检查等操作，如图 10-18。

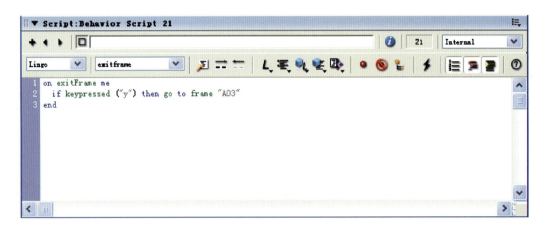

图 10-18　脚本窗口

1. 行为脚本

行为脚本是 Director 最常见的一种脚本类型，在脚本编写窗中进行脚本的编写，通过编译的脚本存放于演员库中，行为脚本演员可以被拖放到影片时间线上对影片进行控制，也可以直接赋给某个精灵单独控制它的行为。

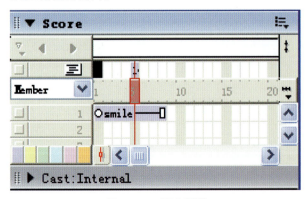

图 10-19　脚本通道

在场景中，相同的行为脚本可以分别赋给不同的帧或精灵，如果对原脚本进行修改，所有引用该脚本的元素都会自动更新。

在时间线上，行为脚本被放置在专门的脚本通道上，该通道位于时间线上方的特效区，特效区由多个特殊通道组成，除脚本通道外，还有负责场景转换设定的转场通道、添加声音的声音通道、进行播放速度控制的速度通道及色彩调整的调色板通道等，如图 10-19。这些特殊通道在互动设计时具有重要作用，其具体使用方法将在后面相关的内容里逐一介绍。

2. 演员脚本

一个行为脚本可赋给多个精灵，演员脚本则只能控制一个演员的行为，因为它被直接链接在某个演员上,与演员一起形成脚本演员,在演员库里共用一个位置,不独立存在。演员脚本同样可被多次导入影片中生成精灵,这些相同的精灵同时具有一样的行为脚本。

3. 电影脚本

电影脚本是另一类常用脚本形式,编辑好的电影脚本同样存放于演员表中,与行为脚本不同,电影脚本不需要挂在帧上或赋予给精灵,编辑好的电影脚本从存放于演员表中起便自动对影片产生控制作用。

电影脚本对当前影片进行全程控制,其中引用的变量为全局变量,可以对影片播放中的按键、鼠标点击等行为进行响应。电影脚本的编写与其他脚本相同,同样在脚本编辑窗口中进行,只需要在属性面板中将其脚本类型设置成"Movie",脚本便变成了电影脚本类型。

4. 父脚本

父脚本是另外一类脚本类型,主要应用于面向对象的程序设计时使用,父脚本可以创建对象函数,不同于过程函数,对象函数可以更科学有效地进行对象化程序设计,目前面向对象的程序设计已成为程序设计的主流。

10.6.3 Lingo 基础

Lingo 是一种描述语言,属于高级语言类别,易于阅读与编写。与 JAVA 相似,基本编写规则及语法结构基本相似,也是面向对象的编程语言,是与 Director 进行互动设计的重要工具。

1. 语句结构

Lingo 的句法结构有两种:多词句法结构和点句法结构,和其他语言相似,多词句法结构构成语句的主体,通过语句阅读,可以快速理解 Lingo 语句的含义,是一种易读的语法结构;点句法则可以简化语句的编写,又能清晰地展示语句的逻辑关系。

```
on mouseenter me
    if the key = "h" then
        Sprite(1).forecolor = radom(255)
    end if
end
```

这段语句的编写用到了多词句法结构和点句法结构,多词句法结构适用于大多数 Lingo 语句,简单易读,可见上面程序段的基本功能是:判断鼠标的按键,如果按下去,精灵 1 即放在通道 1 上的精灵的前景色将被设置成 0 到 255 之间的随机数。语句段里条件语段的执行语句则使用了点句法结构,对象和属性间用点分隔,代表精灵 1 的前景颜色属性。Lingo 程序里多数情况下这两种句法结构是混用的。

2. 条件与循环语句

条件语句是编程中最常使用的语句类型,基本的语法结构是 if… then… else,若语句不止一条,最后要以 end if 结尾。其语句常用句式为:

```
if the key = "h" then go to frame 10
Else go to frame 20
End if
```

当然与其他编程语言一样,Lingo 里的 if 语句也可做多重嵌套。另外 case 选择语句也是一种很常用的条件语句,可以进行多重条件的选择。

```
On keyDown
    Case (the key) of
        "a": go to frame "start"
        "d": go to frame "end"
```

```
    Otherwise beep
    End case
End keyDown
```

当键盘按下"a"时影片转到"Start"帧标签开始播放,按下"d"时,影片转到"end"帧标签播放,按下其他键时系统则只发出 beep 声。

Lingo 的循环语句采用了 repeat 命令,repeat 又有两种句式,其一是 repeat with,另一种是 repeat while。

```
repeat with i = 1 to 10
  put(i)
end repeat
```

上面的语句是用 repeat with 构建起来的基本循环语句,类似于 C++ 中的 For 语句。另外 Director 还可以用 Repeat while 语句来实现循环设定。

下面的例子是一个时间计数器,当时间到达 60 秒后退出程序。

```
on countTime
    repeat while _system.milliseconds < 60
    end repeat
end countTime
```

10.6.4 事件脚本

与其他互动媒体设计环境一样,Director 的编程语言 Lingo 也是由一系列的事件触发模块来完成整部影片的交互功能控制的。与 Action Script 一样,事件就是一些激发一些命令的条件,如鼠标按下、键盘按键、进入下一帧、离开当前帧或开始播放电影等,播放中的影片当遇到这些事件时,会发送信号,启动相应的程序语句,例如当电影中精灵被鼠标点击时,则播放 Crickets 演员的声音。

```
on mouseDown
    sound(1).play(member("Crickets"))
end
```

Lingo 提供了非常多的事件信息类别可供选择使用,如 KeyDown 和 KeyUp 是键盘事件,MouseDown 和 MouseUp 则是鼠标类事件,而 EnterFrame 和 ExitFrame 表示在影片播放过程中进入或退出某帧时的事件,OpenWindow 和 CloseWindow 代表影片窗口被打开或关闭事件等。

10.7 影片测试与发布

10.7.1 影片测试

项目在输出前要先进行全面测试,事实上测试会伴随互动影片制作的全过程。养成随时进行测试的好习惯可以避免很多不必要的问题出现,在调试过程中还要养成存贮多个版本的习惯,这样即使出现了某些重大问题亦可随时返回到上一个版本,从而避免不可挽回的损失。

在本机测试以外,对于需要在网络或其他系统平台上运行的作品,选择相应的运行环境进行测试也是至关重要的。比如在 Windows 系统下开发的项目,如果最终的运行环境是 Macintosh 系统,为了保证正式运行时的安全,必须事先在该系统下对最终的互动影片进行全面测试。

10.7.2 影片发布

影片制作完成后,可以根据需要发布成不同格式的文件,如 Windows 系统下的放映机(Projector)格式、Macintosh 系统下的放映机格式、Shockwave 播放格式、HTML 网页播放文件或 JPG 图片格式文件等,如图 10-20。

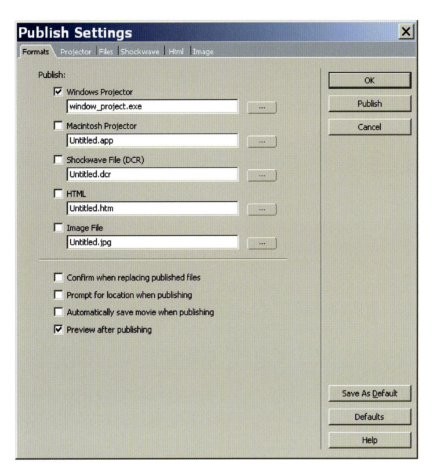

图 10-20 发布属性面板

执行 File > Publish Setting,打开发布设置面板,Director 提供多种输出文件格式可供选择,Windows 放映机格式适合于 Windows 环境播放的可执行格式,Macintosh 放映机为苹果系统播放文件格式,如图 10-21、图 10-22、图 10-23。放映机的格式文件具有独立运行的能力,即使脱离了软件环境也能自主运行,如果选择放映机格式发布影片的话,默认状态下,输出的文件包里除了包含可执行文件外,外部演员库文件也将被输出到文件夹中,而且执行文件里自动打包了影片使用的所有 xtra 插件,以保证执行文件的顺利运行。

图 10-21 发布成 Windows 的放映机文件

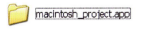  

图 10-22 发布成 Macintosh 的放映机文件

互动影片除了可发布成放映机外，系统还提供了 Shockwave 文件格式输出类别，这为 Director 开通了网络在线传播平台，用户可以通过浏览器直接打开互动影片文件，所以通常情况下，在输出 Shockwave 文件的同时还输出一个 HTML 页面文件，这个网络页面文件里包含了输出的 Shockwave 文件。但 Shockwave 文件不能独立运行，它需要播放软件，用户首次打开装有 Shockwave 文件的页面时，系统会提示你先下载播放文件，安装了播放文件的浏览器即可正常访问 Director 互动影片文件了。

图 10-23 发布成 HTML 页面文件

10.8 交互设计范例

Director 作为交互艺术设计平台具有简单、高效等特点，本书只是简单地对该软件进行了基本介绍，如果需要进一步的学习可以查阅相关软件使用手册。下面将通过一个简单的实例，简要介绍使用 Director 进行互动艺术项目开发的基本流程，以及 Lingo 语言的基本编程方法。

10.8.1 实例功能介绍

《媒体密码》是一互动装置类新媒体艺术作品，参观者通过一些专门设计的人机交互方式实现与计算机的互动交流，从而获取一些视频信息。该项目是一个综合性极强的互动装置艺术作品，涉及硬件、软件及装置等多方面的专业知识，本节仅介绍其中的软件设计环节，以了解如何通过 Director 软件实现互动软平台设计。

《媒体密码》的软平台设计目标主要是组织多个视频文件，通过多种方式，实现生动灵活的视频点播功能。依据这个设计的基本目标，可以事先对其进行规划，用 Lingo 语言分别实现用键盘和鼠标来控制视频播放的人机界面软件平台设计方法。

1. 键盘按键法

系统在等待期间不断循环播放开场视频。当用户点按键盘上的不同按键时即可实现不同视频的播放。如：

"a"：播放视频 1。

"b"：播放视频 2。

"c"：播放视频 3。

2. 鼠标按键法

系统在等待期间不断循环播放用户要点播的各视频剪辑花絮，用户随时点按鼠标选择并播放花絮里的当前视频文件。

10.8.2 影片演员制作与组织

在开始系统设计前，需要事先准备好互动作品中需要用到的各类演员元素，本项目的展示主体是视频，需要先期创作两类视频文件，其一是可以用来点播的多个剪辑过的拍摄视频文件，其二是一段开场动画视频文件。

1. 多个点播主体视频创作

该项目实际上是一个新媒体艺术展的信息展示平台，要对每个新媒体艺术作品的制作团队和创作过程进行跟踪，采访并记录拍摄了一些创作背景和花絮，制作成作品背景资料视频，供参观者查阅，如

图 10-24。所以该作品的前期准备工作中,最大的工作份额就是这些视频的拍摄和剪辑。

图 10-24　点播纪录片画面

本例中,所有视频文件均是采用小高清机器进行前期采访摄录。本项目的视频编辑工具主要采用 Avid 专业非线性剪辑软件和 Adobe 的视频剪辑软件 Premiere,对视频素材进行了剪接、加字幕及配音等处理。其中一些视频的特效处理,则选用了视频特效制作软件 Adobe 的 Aftereffects 完成了后期制作与合成的工作。

在 Director 里使用视频时,经常需要设置线索点(Cue Point),所谓线索点就是为一段视频在不同时间上设置线索标记,这个标记可以为在程序中判断视频播放位置提供线索。线索点可以配合剧本表特效区中的速度通道功能,方便在软件中进行长视频文件的互动编辑设计。

可以用很多方法给音视频添加线索点,如可以直接在一些视频编辑软件里添加,也可以使用一些插件。本例中,我们借助 Director 的外挂插件 MpegAdvance.x32,在插件里为每段视频添加了相应的线索点。

MpegAdvance.x32 插件供应商提供了一个非商业用途的免费下载,可将相应系统文件下的插件下载并放入 Director 的 XTRA 目录下,重新启动 Director 软件,便可激活插件。这时导入视频文件,系统会让你选择导入方式,如 MpegAdvance Xtra 或 QuickTime 方式等,如果选择的是 QuickTime 方式,就不能对视频进行重新编辑并添加线索点了。在这里,我们选择了 MpegAdvance Xtra 方式进行视频文件的导入,如图 10-25。

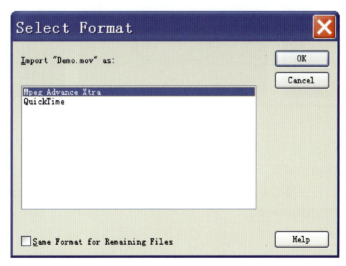

图 10-25　导入文件格式面板

双击导入演员表中的视频文件,进入 MpegAdvance Xtra 视频编辑窗口,点选 Cue Points 面板,左边播放影片,时间单位为毫秒,在影片结尾处停止播放,点击右侧"Add"按钮,在该处增加一个线索点,并赋予其名字,如图 10-26。按上面的步骤,依次为导入的每个点播视频都设置一个线索点。当然,依据设计需求,也可以对一个音视频文件添加多个线索点。

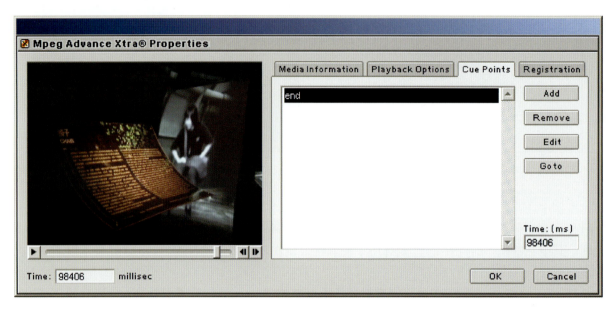

图 10-26　MpegAdvance 插件窗口

2. 开场动画

为了让作品有一个更完美的艺术呈现,专门为该项目设计并制作了一段开场动画,该动画一方面起到作品视觉展示作用,另一方面还通过动画图解,让参观者学习并了解本作品的交互方式,如图 10-27。

 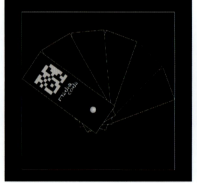 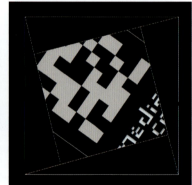

图 10-27　开场动画

本动画选择了 Flash 软件作为制作工具,所有元素都是在 Flash 中绘制完成。

本例所用到的演员类别比较少,可以将所有演员存放于一个演员表中,如果制作其他元素种类繁多的项目,在组织演员表时,可以根据类别、内容等将静态的图形、图像、小型的音效文件及脚本等演员分别存放于不同的演员表中,如图 10-28。

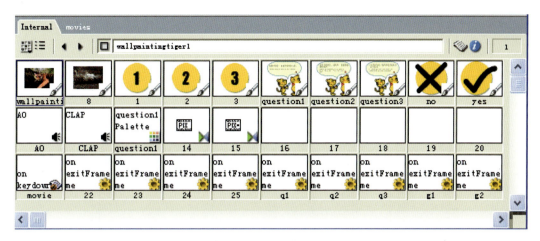

图 10-28　演员表的组织

如果某组演员表还会被其他影片调用的话,就需要将其存放于外部演员表中,以供其他影片调用。如本例便将所有的视频文件都存放于一个命名为"Movies"的外部演员表中,如图 10-29。

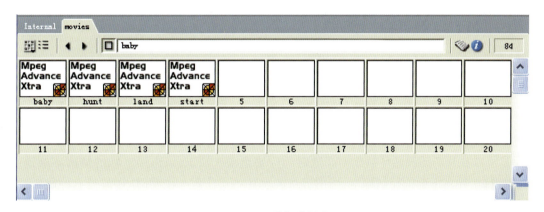

图 10-29　外部演员表

10.8.3　影片互动功能制作

本项目尝试了两种不同的交互方法,所以在交互影片制作时也不尽相同。

1. 键盘控制法

互动影片的工作流程是:播放循环开场动画,当用户按下键盘上的某个键时,系统自动开始播放相对应的点播视频。

（1）开场动画循环播放制作

a. 将开始动画拖入时间线,预留五帧。

b. 在第五帧处的速度通道添加播放控制,等待开场影片全部播放完成转到下一帧,如图 10-30。

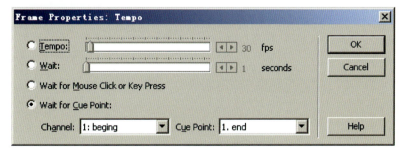

图 10-30　速度属性面板

c. 在第六帧处添加一个行为脚本,重新回到第一帧重复播放开场动画,如图10-31。

on exitFrame me
　　go frame 1
end

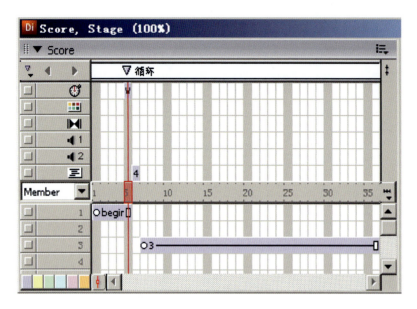

图10-31　影片剧本表

（2）视频点播制作

a. 为了可以在开场动画循环播放期间随时响应键盘输入请求,点击第1帧的帧脚本通道,开启一个脚本编辑窗口,导入下面的控制脚本,当用户点按a、b、c、d任意一个键时,播放指针即跳转到相应的纪录片视频帧,播放视频。按住Alt键,拖动脚本关键帧到第五帧,可以将"点播"监控行为脚本铺满开场动画视频全程,以确保开场动画播放期间,这段控制都有效,如图10-32。

on exitFrame me
　　on keydown
　　　　Case (the key) of
　　　　"a" : go to frame "Video1"
　　　　"b" : go to frame "Video2"
　　　　"c" : go to frame "Video3"
　　　　"d" : go to frame "Video4"
　　　　End case
　　end
end

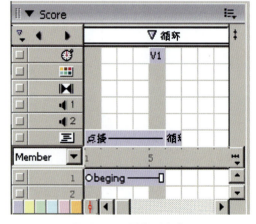

图10-32　影片剧本表

b. 用MpegAdvance方式导入四个点播视频文件,并为每个视频添加结尾线索点。

c. 将添加了线索点的四个视频依次排列在时间线上,在每个视频起始位置添加标签"video1"等,以对应点播行为脚本的跳转。

d. 为了让时间线整齐,与开场动画一样,为每段视频预留六帧,在第六帧的速度通道处,同样要添加一个线索播放控制,等待视频播放完成再转到下一帧。

e. 点播视频播放完成后要返回文件最初,所以在视频的下一帧同样要添加一个返回影片开头的行为脚本,如图 10-33。

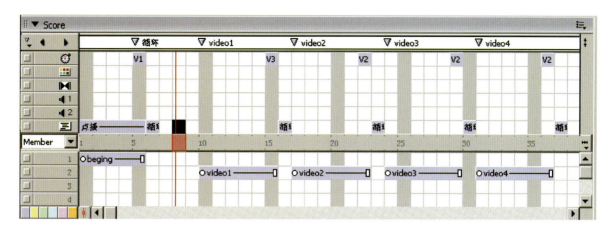

图 10-33　影片剧本表

f. 贮存影片,对影片进行测试,发现用户必须要等影片播放完成才能返回到第一帧,而如果使用者想中途退出却没有办法,要想解决这一问题,可以在点播视频所在的帧上添加"点播"行为脚本,这样就可保证影片随时都可进行视频点播,如图 10-34。

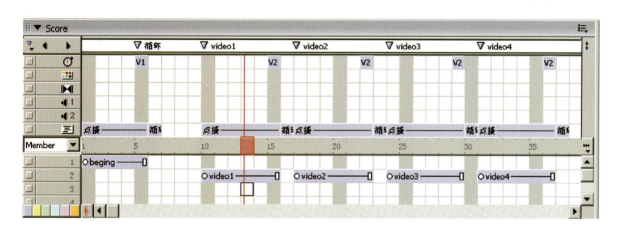

图 10-34　影片剧本表

2. 鼠标控制法

除了可以用键盘对影片进行控制外,还可以用鼠标实现对影片的点播。与键盘多点点击不同,鼠标单点点击的特点决定了点播方式也不能相同,为了配合鼠标法的特殊需求,要重新编辑开场动画,依次加入每段点播视频的简介画面,以供用户在播放时随时可以按鼠标点播当前简介的纪录片的完整视频。点播视频播放结束影片将返回开场视频继续重复播放。

(1) 开场动画

a. 本方法所用的开场动画与前面所做的不尽相同,本视频要求包含每段点播视频的简要介绍,即为每个点播视频各做一个 20 秒的介绍性视频,然后将这几个介绍视频串成一个总的开场视频。

b. 用 MpegAdvance 方式导入开场视频,在 MpegAdvance 窗口中,依据视频内容,为每个视频添加线索点,如图 10-35。

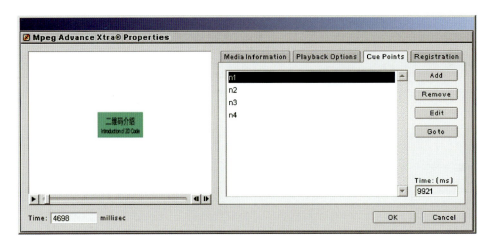

图 10-35　为视频添加线索点

c. 导入开场视频,在时间线上,每隔 5 帧,在速度通道添加一个线索播放控制,测试影片,时间线将在每播完一段小视频简介后再进入下一段播放。在 21 帧处,与前一个方法相同,也要添加一个"循环"行为脚本,让开场动画不断循环播放,脚本的内容参考前面,如图 10-36。

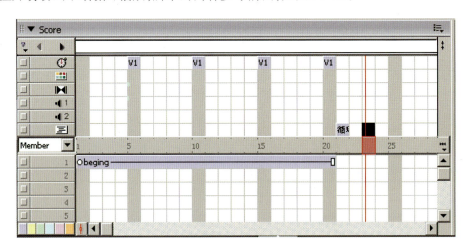

图 10-36　影片剧本表

d. 绘制一个满屏的辅助矩形演员,拖到舞台上重叠在开场视频上面,形成影子精灵,如图 10-37 所示贴入四次,分别对应四段视频。

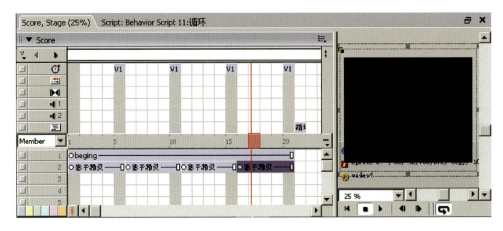

图 10-37　影片剧本表

e. 分别为每个影子精灵添加行为脚本，脚本用于判断用户的鼠标点击，如果在该段动画播放时间点击了影子精灵，系统将转到相应的点播视频播放位置。

```
on mouseDown me
    go frame "video4"
end
```

（2）视频点播制作

a. 用 MpegAdvance 方式导入四个点播视频文件，并为每个视频添加结尾线索点。

b. 如图 10-38 所示，将点播视频排列在时间线中，与前面一样，添加标签、设置线索点播放控制并添加返回开场视频。

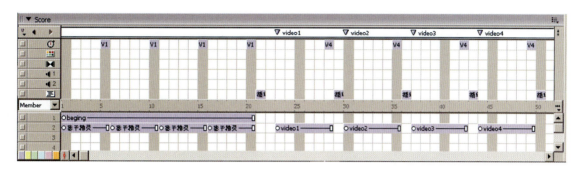

图 10-38　影片剧本表

c. 这样一个由鼠标控制的互动视频点播系统就制作完成了。

10.9　Virtools 互动展示设计

本文以某型号的数码相机为例开发了一个三维虚拟原型样机用户测试系统，构建了逼真的相机三维外观模型，并在 Virtools 交互平台中开发了相机上可操作的虚拟菜单、按键以及相应的使用功能，并对用户测试系统进行了功能设计。

用户测试系统中，测试者可以佩戴数字手套及头盔式显示器，以自然的方式接触相机的三维模型，观察虚拟相机的外观，按动机身上的按键，操作虚拟的菜单并实现相应的使用功能。在测试者的使用过程中屏幕上都有相应的操作提示帮助其实现使用目的，在测试的不同阶段系统都会要求测试者完成一个使用体验的问卷调查表，调查表的信息被自动记录到一个文本文件中。通过对问卷调查表的分析以及对测试者描述的判断，产品开发者可以得到产品终端用户对于该产品客观准确的评估建议，如图 10-39。

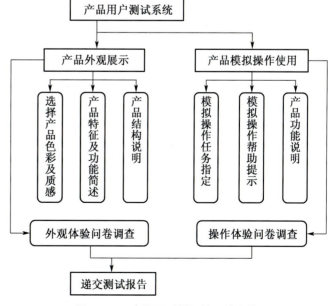

图 10-39　虚拟原型样机的系统结构

10.9.1 主要功能设计

1. 产品外观展示功能

新颖时尚的产品外观是吸引消费者的重要因素,此功能主要是向测试者展示产品的外观、色彩及质感效果。用户可以通过数字手套或鼠标在界面中自由地转动产品的三维模型,从不同的角度和距离细致地观察该产品,并可通过预设的图标按键选择不同的色彩或质感效果,得到满意的结果。

2. 产品结构说明功能

随着产品的功能日趋完善,一些产品的外观结构也日益复杂。用户在初次接触一款产品时非常需要能够以简洁明了的方式获得产品的各个主要功能结构部件以及开关、按键、LED 指示灯等的使用说明。在本系统中当用户控制的指示箭头停留在某个部件上时,屏幕的特定区域就会显示出该部件的功能作用及使用方式,如图 10-40。

图 10-40　产品外观及结构展示

图 10-41　产品功能模拟操作

3. 产品操作模拟功能

该系统的特色在于可以为使用者提供交互式的产品操作体验。用户可以通过产品三维模型上的开关、按键以及液晶显示屏等产品操作界面进行模拟操作,并在虚拟产品上达到一定的使用目的,系统会在出现操作错误时给予相应的信息提示及反馈,如图 10-41。通过此功能可以对产品操作的交互效果以及主要的使用功能进行模拟验证。

10.9.2 辅助功能设计

1. 产品操作提示功能

用户在操作虚拟产品已达到某个特定的使用功能时,在屏幕的特定区域会出现引导用户操作的文字提示。此功能的作用在于使用户在短时间内掌握产品的正确使用方式,顺利地进行该项测试。

2. 用户操作步骤记录功能

系统能够将用户的操作步骤以文本和视频截屏的方式记录下来,便于产品开发人员对产品的操作界面和功能加以分析。

3. 用户操作体验问卷调查功能

当用户进入到测试过程的某个阶段,或者用户完成了某个特定的操作步骤时,系统的界面上会出现一份相应的问卷调查表。参与测试的用户主要是通过一系列的问卷调查表实现对产品外观体验和操控体验的反馈。问卷调查表的结果在系统中以文本方式保存,其数据作为对产品进行验证的重要依据。

10.9.3 三维虚拟原型样机的构建方法

用于用户测试的三维虚拟原型样机系统是由虚拟产品的三维模型、用户操作界面以及控制该系统实现各种功能的程序模块构成。由各种零部件组成的虚拟产品的三维模型是构建虚拟样机系统的基础,具有实时交互调控功能的原型样机还需要考虑各种零部件之间的参数匹配、信息传递与各种功能的实现与控制,是一个相对复杂的系统。以下从原型样机的模型构建开始讨论三维虚拟原型样机系统的构建方法。

1. 虚拟产品几何建模

产品的三维数字化模型可以由 Pro/E、UG、CATIA 等专业的工程软件中导入,也可以从 Maya、3ds Max 等三维软件中导入。

从产品的结构设计和制造装配的角度来看,在产品设计初期就使用参数化的工程软件来构建产品的三维模型能够使设计的产品具有良好的结构,并在产品研制初期使设计部门与制造部门之间更有效地协同工作。因此我们认为由 Pro/E、UG、CATIA 等专业的工程软件来构建产品的虚拟原型样机将使产品的研发具有更高的效率。

如果使用 CATIA 构建产品的三维模型则可以使用 3D XML 格式将模型导出到 Virtools。3D XML 是一种以 XML 为基础的共通文件格式,能快速且轻易地分享精密的 3D 数据。3D XML 拥有快速且高效率传输的特性,并具备独特功能,如使用多层图像(multi-representational)方法建构的 3D 数据结构、对于复杂精密的几何数据具备绝佳的压缩能力,能有效地确保数据能够快速传输,并缩短加载的时间。

在导入 3D XML 文件时,可以使用 Virtools 相关模块的参数选项协助开发者优化模型的几何资料细节,以原模型为基础,调整模型的面数,以降低实际应用时的限制因素。

2. 虚拟产品光影及质感表现

只有使虚拟原形样机呈现出真实的光影及质感效果,测试者才能对产品的外观及视觉效果有真实客观的体验。

三维虚拟原形样机视觉效果的显示主要是虚拟交互引擎通过 GPU 的实时运算得到的。为了能得到尽可能真实的视觉体验,虚拟原形样机系统使用了以下方法:

(1) 着色器(Shader)运算技术

在三维虚拟交互系统中为了能够实现尽可能真实的视觉效果,经常需要运用一些如透明物体的折射和光滑物体的反射等视觉特效。Virtools Dev 使用可编程序的"顶点着色器"与"像素着色器"大幅提高了 3D 绘图的视觉质量。

(2) 烘焙贴图技术

烘焙贴图技术(Render To Textures),是将光照信息渲染成贴图方式,然后将这个烘焙后的贴图再贴回到场景中去。烘焙技术的优点在于避免了浏览系统实时计算灯光的系统开销,使得有限的系统资源能用于图形的绘制,同时由于渲染后的纹理带有光照信息,从而增强了场景的真实感。

(3) 法线贴图

使用法线贴图 Normal Map 的模型表面能够产生很好的凹凸纹理,光线角度的变化会改变凹凸细节的光影。法线贴图能够在不增加模型多边形面数的前提下使产品的虚拟原型表现出更好的细节效果。

10.9.4 虚拟原形样机操作功能的仿真模拟

在虚拟原型样机系统中不仅要让使用者从不同的角度查看产品的外观效果,更要让使用者亲自操作产品的各项使用功能得到产品的操作体验,从而对产品的功能及界面设计给出客观的评价。

在虚拟交互平台上开发原形样机操作功能的仿真模拟一般可以采用以下思路:产品三维模型上的虚拟按键或菜单接收到使用者的操作动作,由虚拟按键发出特定命名的信息,在虚拟交互系统的程序中,产品模型的特定部件接收到该信息后激活预置的程序模块产生相应的动作,实现特定的功能。现以数码相机的镜头伸缩功能为例说明相机操作功能的仿真模拟。

在该系统中,用户点击相机上的镜头缩放按键"W"、"T",即可实现相机镜头的伸缩运动,改变镜头的焦距,同时在相机背面的液晶显示屏上可以同步地观察到相机所拍摄景物的推拉变化。所有这些操作的效果都与实物尺度与运动变化的速度保持高度的一致。

在 Virtools 平台上以上仿真模拟功能主要通过如下思路实现:

当点击虚拟的"T"键模型,该按键所链接的程序模块判断出在按键的位置上发生了鼠标左键按下的动作,程序发出一个针对"镜头"模型的信息"ZOOM IN"。"镜头"模型的程序模块在收到"ZOOM IN"这个信息以后便开始执行镜头前推的动作,在镜头前推的程序中加入两个"Test"(探测)模块,其中一个探测到鼠标左键松开后便停止镜头动作,另一个"Test"模块探测到镜头运动的距离达到某个最大值后停止镜头动作,如图10-42、图10-43。

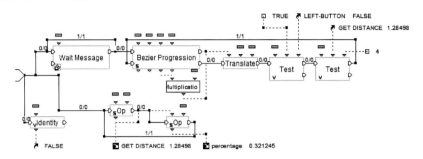

图10-42 "镜头"伸出动作程序模块(一)

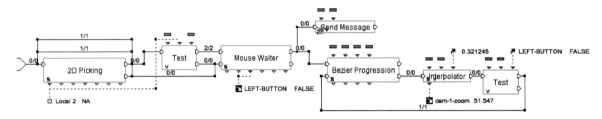

图10-43 "镜头"伸出按键程序模块(二)

当点击虚拟的"T"键模型的同时一个"Op"计算模块动态地获取镜头的运动距离,并通过另一个"Op"计算模块得出镜头的焦距变化参数。镜头的焦距参数被传递到Virtools虚拟场景中摄像机(camera)所连接的"Set Zoom"程序模块中,从而使虚拟相机的焦距发生真实的变化。相机的观察效果通过"Render Scene in RT View"这个模块以动态贴图的形式显示在LCD屏幕上,如图10-44。

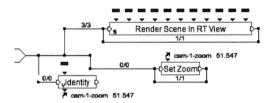

图10-44 "镜头"焦距控制及呈像程序模块

虚拟相机LCD屏幕上的动态菜单的实现主要是运用Virtools的程序模块对系统中预置的菜单图形文件加以显示或隐藏等操作来实现的。当用户点击虚拟相机上相应的功能按键,其程序模块会针对特定的菜单内容发出信息(message),相关的图形文件在接收到该信息后会显示在LCD屏幕,而无关的菜单图形会隐藏掉。系统中也可以运用"Translate"、"Scale"、"Set Matrix"与逻辑模块"Interpolator"、"Bezier Progression"等相结合产生动态的菜单交互效果,得到更好的产品交互体验。

10.9.5 虚拟原形样机的发布形式

在Virtools平台上开发的虚拟原型样机系统可以直接发布成网页文件,其输出的vmo文件也可以嵌入到其他网页的界面中,用户可以在互联网上通过3D Life Player进行产品的用户测试,这样产品开发者可以采集到更多的测试评估样本,从而得到更客观的评估结论。虚拟原型样机系统也可以发布成本地运行的可执行文件,这样系统可以将数字手套及各种立体显示设备集成到用户测试中,从而对虚拟产品得到更真实充分的交互操作体验。

【本章思考】
1. 解读Director作为交互艺术设计平台的具体内容。
2. 分析基于Virtools的产品展示设计特点。

第 11 章 交互界面硬件设计

【学习的目的】
本章具体讲解互动媒体设计中的交互界面硬平台设计概念,就互动媒体设计中的交互界面硬平台设计的概念以及常用的设计方法等进行深入的研究。

【学习的重点】
交互界面硬平台设计及方法。

【教与学】
采用实例分析讲解交互界面硬平台设计及方法,通过对典型硬件平台设计方法的分析掌握交互界面硬平台设计及方法。

交互设计是一项系统工程,在完成了交互界面软件平台设计后,下一个需要解决的问题就是交互界面硬平台设计,本章将就互动媒体设计中的交互界面硬平台设计的概念以及常用设计方法等进行深入研究。

11.1 交互界面硬平台设计

11.1.1 交互界面物理平台设计概念

所谓交互界面的硬平台即用物理的方式取代软平台中单一的人机交互方式,如用真实的灯光开关来控制软平台设计中的视频里的灯光的开合。硬平台的设计,改变了传统的人机交流方式,使得交互界面更人性化,提升了作品的亲和力,带给使用者身临其境的心理感受。

交互界面硬平台设计集艺术与技术于一体,对于一个从事互动媒体设计的设计师来讲,不仅要有艺术创作能力,还要学会借助技术手段进行交互界面硬平台设计,这样才能制作出完美的互动作品。

设计师或艺术家对各种交互媒体的技术现状、新技术发展趋势有清楚的把握,才能在互动作品构思阶段很好地将新技术结合进来,设计出合理可行的人性化交互界面。虽然作品实施可以找专业人士提供帮助,但并不意味着设计师就可以对技术完全放手,否则不可能构思出好的作品,更不要说目前很多互动艺术作品就是直接依赖新技术手段创作出来的。

The Escape Service 是法国国营铁路最新做的一个户外互动广告作品。在广场上,一个大黑盒子吸引着行人的注意,当徘徊的人们终于走近盒子,想按动红色按钮时,却传来"请讲一个你最想逃去的地方?"的提问,当行人回答完问题并按下红色按钮后奇迹出现了,充气的红唇、五彩的丝带烟火、绚丽的霓虹,还有送出大奖的小火车等场景纷纷出现。*The Escape Service* 是一个典型的互动艺术作品,交互界面的设计别出彩,没有简单地运用电脑屏展示虚拟影像,而是采用更真实、更有视觉冲击力的真实物体呈现在观众面前,作品充分运用计算机控制的声光电等技术,给观众营造了一份更真实的身临其境的身心感受,这正是交互界面硬平台所创造的神奇效果,是未来互动媒体艺术形态的发展趋势之一,如图 11-1。

图 11-1　互动广告 *The Escape Service*

11.1.2　交互界面硬平台设计流程

与界面设计的软平台相比，由于涉及的技术种类更多，因此交互界面硬平台的设计方法更多样，制作上也更加复杂，一些复杂的物理解决方案经常会给从事互动媒体设计的设计师或艺术家带来重大的创作阻碍。这就需要找到一些应对的办法，比如对于较复杂又成熟的技术，如大型投影、触摸屏、半球投影等技术产品可以考虑直接采购成品，而对于其他一些较简单的交互界面硬平台设计，则可通过选择简单易操作的方法或对现有的一些小电子产品进行改造来顺利完成设计任务。

交互界面硬平台设计的目标是用人或生物的一些现有语境，如肢体语言、声音语言等取代键盘、鼠标等传统的人机交互方式，从而使交互艺术作品具有更人性化的交互界面。交互界面硬平台设计的本质就是设计一个装置，可以采集使用者的信息指令，并将此指令发送给计算机软平台；反之，交互界面软平台也可发送指令来控制真实世界的行为，如 *The Escape Service* 项目中送大奖的小火车等。

交互界面硬平台设计的基本流程分三步：信号采集、信号传递与信号处理。

1. 信号采集

采集外界的生物行为信息,并将其转换成电信号。可利用传感器获取人或生物的行为信息,传感器种类很多,常用的有温度、湿度及运动传感器等,通过这些电子元件,可以捕捉人或其他生物的活动信息,并将其转换为数字或模拟信号再传递给计算机数据端口。

2. 信号传递

计算机大多数没法直接接收传感器的数据信息,要想将外界的电子信号输入到计算机,必须借助中间件进行连接,比如一些计算机外设或具有与计算机连接端口的单片机等,他们大多通过 USB 或无线接口与计算机相连,这些中间件在传感器与计算机间搭建起一座桥梁,一边接收传感器的采集的信息,并对其进行一定的分析处理,一边将处理过的数据发送给计算机的串口。反之也可将计算机发出的指令通过中间件传递到外界,以控制如电动机等外设的运转。

3. 信号处理

交互界面软平台从计算机端口处接收信息,并对数据进行处理以调控虚拟场景的变化,如观众可以通过吹气来控制虚拟画面里气球的飘动,而给真实的花盆浇水,即可控制计算机虚拟平台上树木的成长等。反之,在软平台上由虚拟场景发出命令,亦可将指令传输给计算机端口,最终通过中间件控制真实世界的物体,如控制灯光的开关等。

传感器是硬平台设计信息采集的重要工具,传感器种类繁多,可以采集自然界的各类信号,传感器功能强大,体积小巧,在进行互动设计时可以很巧妙地伪装起来,充分展现互动艺术的神奇魅力,如图 11-2。

 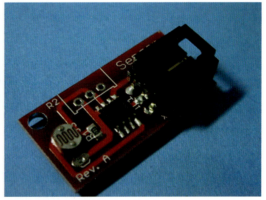

图 11-2　各种传感器

11.2　交互界面硬平台设计方法

传感器的即时信息无法直接传输给计算机,需要借助一个中间件来实现信息的传递。中间件作为数据信息传递的桥梁,一边负责接收传感器的信息,一边将信息传递给电脑,所以中间件不仅要能与传感器进行连接,还要方便地与计算机进行连接才能完成传感任务。交互界面硬平台设计的不同实施方法主要取决于中间件的选择,目前比较常用的有以下两种方法。

11.2.1　计算机外设法

中间件的主要特点就是要能与计算机相连,因此键盘、鼠标、摄像头、麦克风等这些电脑外设便成了首选。它们既然不存在与计算机相连接的问题,那么是否可以接收传感器传输来的数据呢?答案自然是没有问题,而且操作起来相对简单,非常适合于初学者进行互动媒体设计尝试。

由于摄像头和麦克风可以直接获取外界信息并传递给计算机,因此它们不仅可以发挥信息传递的功能,还可以解决信息采集的功能,是当前重要的交互界面硬平台设计工具,这里不再赘述。

键盘、鼠标不能直接接收传感器的信息,但他们的使用功能可以接收敲击的信息,所以对他们进行适当的改造,将传感器的信息转换成键盘或鼠标的输入信号,就完成了传感器与中间件的连接。基于键盘或鼠标的信号特点,这种方法必然存在一个很大的局限性,就是只适合于接收开关类传感器的信息,如红外开关传感器等,而对于检测温度或湿度等模拟信号类的传感器来讲,就爱莫能助了。

所谓对键盘和鼠标的改造,也非常简单,就是选择一个旧的键盘、鼠标,这些淘汰下来的旧物只要还能与计算机连接,按键可以不灵活,某些按键也可以失效,只要基本的按键功能完好即可,如图11-3。用螺丝刀将它们拆开,取出连接的线路板,接下来的改造方法如下:

1. 鼠标的改造

在左边按键的开关上焊接上两条导线,当导线连接和断开时就可以模拟按键的效果了。将两条导线与开关传感器信号线相连接,当传感器接收到一个开关信号就可以模拟一次鼠标的按键,计算机软平台只需要处理鼠标按键的事件,这样就实现了真实世界与虚拟世界的信息交流。

2. 键盘的改造

拆下键盘电路板,一般的键盘电路板都有两组接线脚,取一根导线,各取每组里一个接脚进行连接,当两个脚点连接时,会模拟一个字符的输入。根据这一原理,将开关类传感器的信号线与两脚点连接,当传感器接收一个开关信号,即可模拟一个字符的输入。

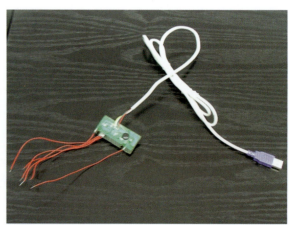

图11-3 鼠标、键盘的改造

11.2.2 专用单片机法

外设法简单,容易实施,但其局限性也是明显的,对于那些需要接收模拟信号的项目,这种方法就无计可施了。近几年来,随着新媒体技术的发展,这方面的需求越来越大。为了解决这一问题,在中间件的开发上,一些包含微处理器的单片机模块被越来越多地使用进来,Arduino就是这样一款产品,它是一块包含了微处理器的集成电路产品,提供若干的数字与模拟输入与输出端口,可以直接通过USB接口与计算机相连,可接收大多数传感器的数字与模拟信息,并最终将信号通过计算机串口传入计算机中。

除了将传感器的信息传递给计算机,Arduino还可以将计算机发出的信号通过该模块传输给外部机电设备,如控制电机或LED光源等。甚至抛开计算机,仅利用Arduino自身的微处理器,便可实现真实世界控制真实世界,如传感器采集用户的肢体语言发出的指令,再通过Arduino的数据处理,转而控制同样连接在Arduino上面的小车的移动或灯光的变化等。

Arduino真正实现了计算机的虚拟世界与现实物质世界双向的信息交流问题。也就是说微处理器模块不但可以将参观者的行为等信息通过传感器传入计算机,也可以将计算机互动设计的反馈信息再通过该模块反馈回去,再去控制现实世界。Arduino通用性更强,适用范围更广,为交互界面硬平台设计提供了更多的可能性,为互动设计带来更多人机对话乐趣。

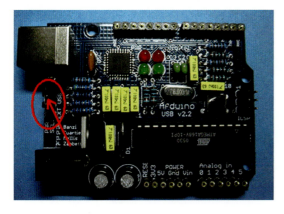 

图 11-4　Arduino 和 Wiring 单片机模块

应用于新媒体交互设计的单片机模块种类很多,除了 Arduino 外,还有具有更多输入输出端口的 Wiring,如图 11-4。即使是 Arduino,也有应用于不同场合的数十种型号的产品,有端口极少的只有硬币大小的 Mini 型、具有蓝牙功能的无线型等可供选择,为互动媒体的界面设计带来更大的发展空间,如图 11-5。

图 11-5　Mini 和无线型 Arduino

11.3　Arduino 的应用

中间件 Arduino 为传感器与计算机的数据传输提供了一个通用的平台,一个标准的 Arduino 带有 6 个模拟端口和 13 个数字端口,负责同时接收和输出多路不同类型的信号,Arduino 提供了一个专门的程序编写环境,通过将控制程序烧录到 Arduino 的微处理芯片上,让 Arduino 按编写好的程序指令去进行信息的沟通与控制。

11.3.1　Arduino 的工作原理

Arduino 是一个电子模块,通过 USB 线可以与电脑直接连接,可以直接通过 USB 线由电脑供电,当然如果负载过大也可以用外接电源。

标准的 Arduino 模块配有 6 个模拟口和 13 个数字口,可以根据实际需要设置成输入或输出端口,它们负责接收或发送信号,实现计算机与外界物理环境的对话,如图 11-6。例如如果要接入一个红外线开关类的传感器的信号,由于是数字信号,可以将其接入 Arduino 的一个数字端口。而如果要接入一个感应温度的温度传感器,由于它是随着温度的变化而不断变化的模拟信号,则需要将其信号线接入Arduino的模拟端口。

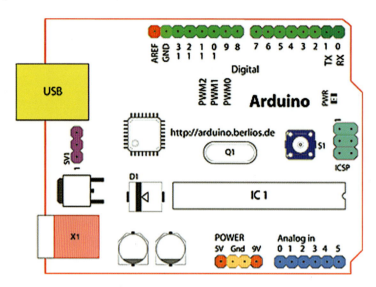

图 11-6　Arduino 模块基本结构

11.3.2　Arduino 的安装

在使用 Arduino 前,必须先安装硬件驱动程序。将 Arduino 连接到计算机 USB 端口,第一次连接到计算机时,系统会提示安装硬件,到 Arduino 官网上下载最新的安装程序,按提示指定驱动文件目录,便可顺利完成安装。安装完成后打开系统设备管理器,在端口列表中可见 USB Serial Port,表明硬件已安装完成。

11.3.3　Arduino 的编程环境

Arduino 主体是一个微处理芯片,它负责对所有输入与输出数据进行预处理,比如采集数据次序、采集频率、对端口的控制等,Arduino 有很多端口,每个项目都有不同的连接,如何将这些信息传递给计算机都需要程序进行控制。

Arduino 的程序控制是将程序事先写入控制芯片中,由芯片按程序设定对信号进行管理。在连接好硬件线路后,下一步就是在 Arduino 的软件编程环境中编写调试程序,并最终烧录到芯片中。Arduino 的编程环境非常简单明了,编辑窗口的主体是源码编写区和下面的信息反馈区,编写好的源码先要经过编译,结果会显示在信息反馈区中,通过编译的程序才可被烧录到芯片中,如图 11-7。Arduino 模块的芯片可以被重复写入程序,在不同的项目中反复使用。

打开编程页面,需要对 COM 口进行确认后方可进行程序编译。打开计算机系统的控制面板,检查安装的 Arduino 的 COM 端口编号,然后在 Arduino 编程环境中,打开菜单 TOOLS,选择正确的 COM 端口编号,正确设置后即可开始魔幻之旅了。

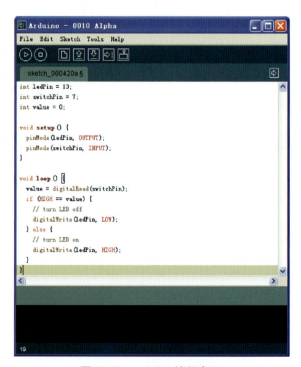

图 11-7　Arduino 编程窗口

11.4 Arduino 的编程规则

11.4.1 HELLO 程序

和任何编程软件一样,先通过 HELLO 程序来认识一下 Arduino 的程序编写规则。

```
int ledPin = 13;                        //设置在端口 13 上装有一个 LED 测试灯
void setup( )                           //程序启动时进行初始化
{
        pinMode(ledPin, OUTPUT);        //把 LedPin 设置成输出端口
}
void loop( )                            //程序运行中一直执行的内容
{
    digitalWrite(ledPin, HIGH);         //设置 13 号端口的 LED 输出为高电位,灯亮
    delay(1000);                        //灯光延时,即开启 1 000 个单位,为 1 秒
    digitalWrite(ledPin, LOW);          //设置 13 号端口的 LED 输出为低电位,灯灭
    delay(1000);                        //灯光关闭 1 000 毫秒
}
```

这是一个最简单的 Arduino 程序,也是一个数字信号输出的处理方法,芯片将控制插在 13 号数字端口上一个 LED 灯的开关过程,使其按每秒一次的频率闪烁。程序编写好后,先要进行编译,编译通过后,将程序烧入微处理芯片中,最终即可看见插在 13 号数字端口的 LED 灯每隔 1 秒亮一次。

对上面的程序进行改进,在 1 号数字端口插入一个数字开关传感器,来控制 13 号 LED 灯的开关。

```
int ledPin = 13;                        //定义 13 号端口
intinPin = 1;                           //定义 1 号端口
int val =0;                             //设置一变量,初值为 0
void setup( )
{
        pinMode(ledPin, OUTPUT);        //把 LedPin 设置成输出端口
        PinMode(inPin,INPUT);           //把 inPin 设置成输入端口
}
void loop( )
{
    Val = digitalRead(inPin);           //将输入端口值赋予变量 val
    If ( val = = HIGH) {                //当输入为高电位,开关传感器有信号
    digitalWrite(ledPin, HIGH);         //设置 LED 输出为高电位,灯亮
    }else{                              //当输入为低电位,开关传感器无信号
    digitalWrite(ledPin, LOW);          //设置 LED 输出为低电位,灯灭
        }
    }
```

11.4.2 模拟信号输入

在 Arduino 的实践应用中,除了数字信号的处理外,很多时候还需要将非开关类传感器所发出的模

拟信号,如温度、湿度等信息传送给计算机,那么 Arduino 如何将接收的模拟传感器的信息发送给计算机呢？我们可以看下面的程序段:

```
int potPin = 0;                //定义 0 号端口
int val = 0;                   //定义变量 Val 初值
void setup( ) {
    Serial. begin(9600);       //调用串口(SerialPort)的速度 9600bit/s
}
void loop( ) {
    val = analogRead(potPin);  //用 analogRead( )函数读取 0 号模拟端口数据
    Serial. print(val);        //发送数据到串口
    delay(150);                //延时 150ms,再重新读入新的数值
}
```

通过上面两个例子,我们会发现 Arduino 的编程非常简单明了,很容易学习掌握。由于本书受篇幅所限,对于更复杂的数字或模拟信号的输入与输出,建议大家访问 Arduino 的 http://www.arduino.cc/技术主页,获取更全面的信息。

11.4.3 与应用软件连接

Arduino 可以将外界的物理信号接收进来,并可通过 USB 端口传递给计算机,计算机将接收到的信号传递给交互设计软平台来控制虚拟平台的元素,如控制 Flash 或 Director 的文件播放或动画执行等。

Processing 交互设计软平台可以直接读取计算机串口数据,但并不是所有的软件平台都能直接获取串口数据,像 Flash 或 Director 都没法直接接收串口数据,而需要一些代理程序进行数据传递。如为了安全起见 Flash 没有外接的数据接口,但可以通过 XML socket 来实现与串口代理程序的数据传递,可供 Flash 选用的串口代理程序有很多种,如 serproxy 或 SS6 都是比较常用的方法,通过这些串口代理服务器,Flash 可以很方便地接收 Arduino 传给计算机的串口数据。

在互动界面软平台系统中对串口数据进行分析处理,用串口数据去控制动画运行或视频播放等效果,图 11-8 所示的交互作品实例中,通过对插入到兰花花盆里的湿度传感器数据的采集,Arduino 将湿度模拟信号传递到计算机串口,Flash 通过串口服务器接收到实时数据,根据数据来控制虚拟世界中植物的生长。

图 11-8　湿度传感器互动设计

【本章思考】
1. 分析交互界面硬平台的设计流程。
2. 归纳交互界面硬平台的设计方法。

第12章 系统化互动设计实践

【学习的目的】

本章就互动媒体设计系统化,从项目策划、工作组成员到项目具体实施等多个方面进行分析讲解,并通过具体设计实例进行说明。

【学习的重点】

系统化互动设计实践。

【教与学】

通过实例分析的方式讲解系统化互动设计实践,通过多个案例分析系统化互动设计实践的方法。

12.1 设计项目策划

与其他类别的设计不同,互动设计项目表现形态多样,从前期策划到项目实施,从机电测试到用户体验研究,整个设计与制作过程专业领域跨度大,需要具有不同专业背景的设计与制作人员,项目所需设备种类繁多。一些高科技产品价格昂贵,在设计与制作过程中,一旦某些环节出现问题都有可能影响全局的工作进程,给项目带来不可估量的损失。所以在互动设计项目策划与实施的过程中,应本着系统化设计的原则,在项目设计初期就要做好严密的系统策划与所有准备工作,以确保按时有效地完成整个设计制作环节。

互动设计项目策划一般包括项目选题、内容与栏目策划、装置与界面规划、技术测试、制作人员组成、项目时间表等。

12.1.1 项目选题策划

项目选题是互动媒体项目成功与否的重要环节,可根据参展主题或展览场地甚至流行趋势进行内容策划,一般来讲互动设计的主题可归纳为以下几大类:

1. 环保、健康主题

随着人们生活水平的提升,环保与健康越来越成为人们关注的焦点。人们在关心生活水平的提高、幸福感的上升这些基本生活指标的同时,也逐渐将注意力转向人类生存的大环境,近年来不断出现的自然灾难,如大地震、持续的干旱与水灾等,都强烈地引起人们对未来地球发展的忧虑,引起人们对科技进步与环境破坏同步的反思。这类题材的互动作品主题明确,素材繁多,容易引起观者的共鸣,近年已成为互动设计师特别钟爱的主题之一。

互动艺术作品《入侵》是环保类主题的代表作品之一,项目把人类与大自然间的共生关系通过互动的形式很好地表现出来。一个半球状的穹顶投射出一片自然风光,在没有游客进入半球笼罩的空间前,草木繁茂,动物快乐地生活;当大量观众走进区域后,虚拟的自然风光不断被破坏,最终导致自然的彻底毁灭,如图12-1。

图 12-1　新媒体互动设计《入侵》

2. 科普类主题

人类肉眼所见的世界虽然直观却有很大的局限性，我们对微观世界或宏观世界的认知大多局限在书本上，缺少感性的体验。随着各种高新科技的不断涌现，人们对科普知识的需求越来越大，如何将复杂而抽象的知识更简单地呈现在大众面前，达到科普的目的呢？互动设计正好解决了这一问题，由于互动设计具有多形式、全方位以及真实的模拟事物本质行为的优势，因此在科普教育推广上，互动设计有广阔的发展空间。目前，互动设计项目被广泛应用在科技馆、博物馆等科普第一线，科普主题已成为互动设计的主要选题，如图12-2。

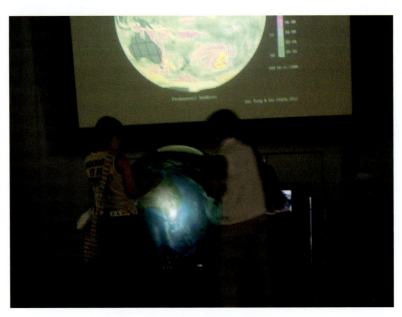

图 12-2　新媒体互动设计作品（一）

3. 商业及公益广告类主题

互动媒体还被大量用在商业广告宣传上面，由于互动媒体的发布成本较低，针对人群较强，发布方式多样，具有很好的宣传效应，因此互动广告近几年来越来越多地被大众所喜爱并接受，被广泛应用在各种宣传活动中。主要采取的方式有基于网络平台的宣传,比如出租车上的互动广告,也有利用公共空间的广告展示等。特别是公共空间的互动广告作品,近年来越来越受到大众与广告主的喜爱,成为城市一道道可爱的风景,图 12-3 为美国著名旅游媒体 TravelZoo 的一个位于公共空间的互动广告,广告由于设置在机场通道,受众具有很强的针对性,由于画幅巨大,视觉效果强烈,还可以互动游戏,因此吸引了很多观众的目光,起到了很好的宣传效果。

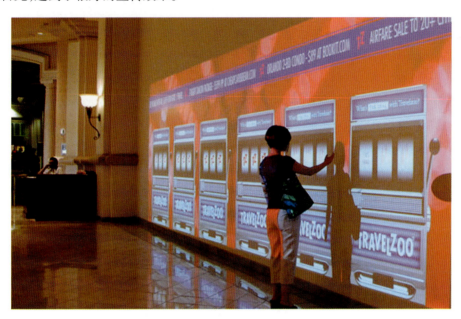

图 12-3　新媒体互动设计作品(二)

4. 感知体验类

人类的活动往往受制于能力、环境等因素不能随心所欲。互动设计可以帮助我们感受很多未曾有过的身心体验,帮助我们重游梦境,遨游于云端。互动设计通过虚拟现实等技术,不仅可以建立一个沉浸感极强的虚拟环境,让人身临其境,还可以通过交互装置实现与虚拟环境对话。目前,此类交互设计作品正成为新媒体艺术展的主要选题,在设计上,具有更广阔的想象空间,非常容易吸引人们的注意,如图 12-4。

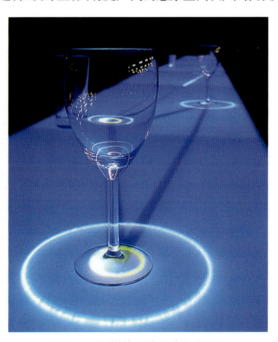

图 12-4　新媒体互动设计作品(三)

12.1.2　内容组织与栏目策划

互动媒体作品创作是一项系统工程,确认了创作主题后就要搜集并制作项目所需的各类内容元素。互动媒体的内容组织可以借用现有的素材,也可以自己组织制作,可以是文字、图片、动画,也可以是视频或音频等。

在组织内容时,较容易出现的问题是质量问题,因为互动媒体是一个系统工程,所以各页面间的创作要保持统一的风格,所用的内容元素也要保持形式与质量的统一,无论是色彩、艺术风格,还是文件的分辨率都要统一,以保证互动设计呈现出完美的面貌。

互动设计种类很多,有些互动设计项目有明确的栏目结构,它们大多是基于网络或单机的信息互动媒体设计,如各类网站设计、多媒体宣传光盘等。这类互动媒体主要是以信息传播作为主要设计目标,所以信息的采集和栏目规划便成了此类作品的重要环节。通常情况下,信息组织采用清晰的树型结构,更符合使用者一般的思维习惯。

在进行栏目策划时,需要注意一个作品最好只有一个主目录,尽可能不出现两条目录主线。链接的方式要统一,如果一个页面选用树上的枝叶作为按钮,那么其他页面最好都能延续相同的风格,以便用户快速熟悉使用方法,另外按钮区域的设计要尽可能鲜明,具有提示性,可通过对按钮添加动感强烈的动画或采用对比色以示区别,避免用户盲目寻找,这些都充分体现了互动作品的人性化特点。

12.1.3　交互流程规划与互动装置设计

互动媒体设计作品的形式多样,不同类别的设计项目所包含的设计内容也不尽相同,比如网站或单机的信息互动媒体作品在设计时就不需要考虑界面装置设计;而一些基于游戏模式的交互展示类作品,如公共空间的互动广告设计或一些体验类的互动媒体艺术作品,因为不需要传递大量的信息,仅需要通过游戏式的交互体验向受众传播某些简要信息,所以此类设计一般不需要层级式的栏目,但却需要设计一个逻辑清晰、简捷可行的交互功能流程来掌握整个互动体验作品的运行流程,以指导设计实践。

在一些游戏体验类互动作品设计中,装置设计占有非常大的比重。营造一个舒适、美观的互动体验空间可以帮助用户更快融入到作品主题中,在交互中获得更多乐趣。交互作品的装置设计主要包括交互的硬平台设计及作品环境设计,在设计过程中主要需考虑如何符合运行环境需求及满足目标人群的个性化设计理念。

1. 运行环境

在进行交互功能流程设计时首先要考虑现场运行环境,如一些运行于公共空间的互动类展示项目,由于要同时面对大量观众,这就决定了在互动流程设计时要能满足多人同时参与性,在具体界面设计时提供多点输入,在空间设计时要注意有足够宽敞的通道以保证人流顺畅,并提供视角宽广的屏幕满足观影的需要。

2. 目标人群特征

了解目标人群特征也是互动装置与用户界面设计的基础。只有了解观众的年龄、性别、生活习惯、兴趣爱好,才能设计出符合生理与心理需求的互动装置界面,激发观众的热情。如果要创作一个面向青年人群的互动设计项目,首先需要了解受众群体的基本特征,如热爱电子产品、习惯虚拟生活模式及喜欢新事物的特点,在进行界面设计时尽量关注到他们的这些特征。比如《媒体密码》的装置界面即采用了新兴的两维码技术,整个场景环境也延续了密码的特点,运用了黑白灰色块,符合大多数青年人的审美需求。

12.1.4 技术测试

对于互动媒体设计来讲,技术始终占有主导地位,一个好的想法如果没有一个可行的技术支持的话也等于纸上谈兵。所以在项目策划阶段就要做好技术方案的测试,以保证后期工作的顺利进行。

互动设计项目中的技术问题主要体现在两个方面,一是软件技术解决方案,二是硬件技术解决方案。软件又涉及互动软件环境的编程,如用 Flash 的 ActionScript 或 Director 的 Lingo 语言进行程序控制,或用 VC 或 JAVA 编写通用接口、网络平台控制以及基于个人无线终端通讯的程序设定等;硬件方面主要是掌握一些新兴的技术解决方案及优秀的创作方法,比如幻影成像技术等,好的硬件解决方案和一些新的技术可以给互动作品带来更多的惊喜。

在前期可行性分析阶段,并不需要马上调试出所有的技术方案,只需要对没有确切把握的关键技术进行可行性测试,只有通过了可行性分析才能继续进行下一步的工作,切记不可跳过这一环节,避免由于某个技术问题无法解决而前功尽弃。

12.1.5 人员组成与时间表

互动媒体设计是一项系统工程,包括市场调研、方案策划、美术设计及软件编程、硬件控制、工程实施等诸多方面,是一项庞大的系统工程,应针对项目特点做好专业人员的组织与规划工作,确保项目的顺利进行。

详细地规划时间表也是一个互动设计项目得以顺利进行的重要方法,我们曾在两周的时间里完成过一个包括 6 个互动媒体作品的艺术展,全赖时间规划得当。

12.2 互动系统设计实施

互动艺术设计项目有很多不同种类,互动装置艺术设计是其中较综合性的设计类别。《媒体密码》是一个较典型的互动装置设计作品,如图 12-5。前面已了解了其软平台的设计方法,下面通过对这个作品整体创作环节的讲解,来对互动设计流程做一个较全面的梳理。

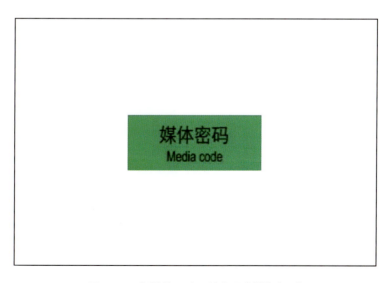

图 12-5 新媒体互动设计作品《媒体密码》

12.2.1 项目策划选题

新媒体互动设计作品《媒体密码》集技术、艺术于一身,融装置艺术、电子艺术、互动艺术于一体,是一个综合的交互媒体设计作品。《媒体密码》是一个新媒体艺术展导视系统的重要组成部分,项目对参展的每一个作品从构思到诞生的全过程进行了实录,并剪辑成独立的纪录片,以供观展者在参观展览后还能对媒体创作理念、技术解决方案、艺术表现手法等新媒体艺术创作过程有一个更深层的了解,如图12-6。

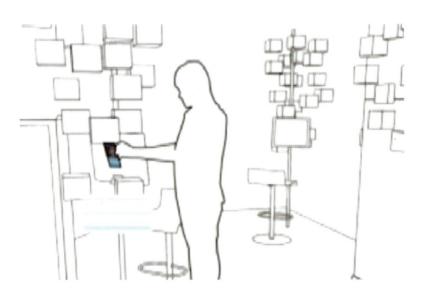

图12-6 新媒体互动设计作品《媒体密码》的原理

12.2.2 内容组织与栏目策划

作品主要由新媒体参展作品的纪录片组成,纪录片由制作团队的影视编辑组成员负责拍摄制作。经过对各个创作团队全程跟踪、采访拍摄及剪辑工作,最终制作出12个纪录短片。

由于要让作品具有一个统一的风格,影视组对纪录片的艺术形式及基本结构进行了规划,统一了整体的设计风格,纪录片的片头由展会主色绿、蓝和白色组成,视频包装设计延续了作品及展会的整体设计风格,采用方块作为基本图形元素,紧扣作品主题,如图12-7。

图12-7 《媒体密码》的美术风格

在视频结构组织上,由于希望让参观者能对每个作品的原理有更直观的认识,因此除人物采访外,还为每个纪录片制作了一组装置原理动画,希望借助虚拟动画的形式更直观地将作品的制作原理清晰地展现出来,拉近新媒体艺术与观众的距离,实现本项目的设计目标,如图12-8。

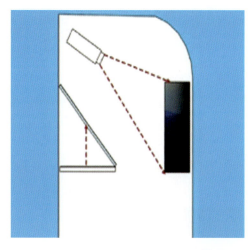 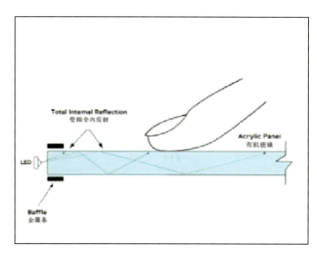

图 12-8 《媒体密码》的动画运用

12.2.3 交互流程规划与互动装置设计

本作品是展会信息导视的一部分，内容相对枯燥，所以在设计互动流程时，为了提升作品的吸引力，在交互界面设计上本项目采用了二维码这一新兴媒体技术，通过二维码的识别技术实现人机交互功能。

二维码是相对于一维条码而言的，由于增加了一个维度，因此可以在横向和纵向两个方位同时记录信息，能在很小的面积内记录大量的信息。二维码提供更加安全、有效的编码手段，可用于身份认证、产品辨识、网络购票等多个领域，其最大的优点是可以借助手机等个人无线终端，进行编码传递及信息读取。目前二维码有多种编码标准，QR 码和 Data Matrix 码都是目前较流行的编码标准。

《媒体密码》的英文是 Media Code，项目名称来源于作品的二维码（2D Code）的使用，其深层的寓意则是"解密新媒体创作密码"，将每个作品的网页地址用二维码生成器生成唯一的二维码，这些二维码被制作成作品介绍卡片印在展会手册附页中，分发给每个参观者，成为展会导视的一部分。

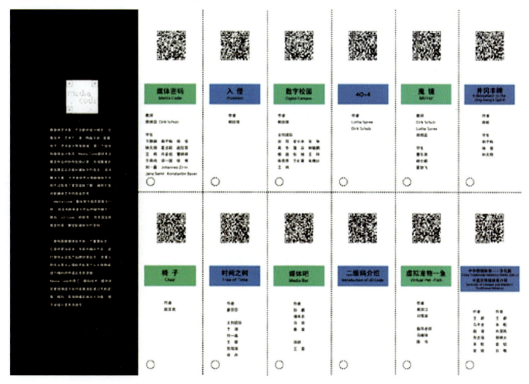

图 12-9 《媒体密码》的二维码卡片

如图12-9，每个卡片被设计成一小张，印刷时打上折痕，并在卡片左下角打一个洞，以便用户自行撕下并串成卡片册使用。本项目的交互方式主要有两种：

1. 本地阅读

参观者可以选择相应作品的卡片，直接在展区二维码读卡机上读取密码，显示器便会播放所选作品的纪录片。当播放完成，系统会自动返回到开场动画，等待用户下一次选择。如果纪录片看到中间位置，也可通过再读取其他卡片，直接跳转播放其他影片。

2. 远程阅读

离开会场后，用户可以用手机等可以读取二维码的设备，读取作品的相应网页地址，直接在远程通过网络观看作品的详细介绍，如图12-10。

图12-10 《媒体密码》的交互界面

场景设计组负责项目的整体场景设计，本作品是展会导视系统的一部分，为了满足参观者更好地了解展品的需要，同时也考虑到参观者的体力情况，场馆提供了舒适的座椅，所以作品设计集信息传播与休憩于一体，既满足了参观者获取更深层信息的需求，同时也让参观者得到适当的休息。作品的场景环境设计采用了相同大小的正方体块，在色彩上选用了黑白灰三色的纸质材料及白色灯箱片，深浅不同的纸盒与灯箱被吊在展区头顶，形成了一个变换的天空，造型与二维码的图片相对应，塑造出统一的视觉形象，如图12-11。

图12-11 《媒体密码》装置设计

12.2.4 软硬件技术实现

项目的软平台选择了 Director 交互设计工具，前面的章节已介绍了基本交互功能的程序编写方法。但在实际操作中，本项目用二维码的读取代替了传统的鼠标键盘式交互方式，所以在硬件安装及软件编写时都要加入对二维码读卡器的相关操作。二维码软硬件安装方法与流程如下：

1. 选购一个二维码读卡器。
2. 在电脑上安装读卡器硬件。
3. 运行读卡软件，系统会自动将解码出来的信息存在一个文本文件中，如 data.txt。
4. 在 Director 中，创建影片，导入开场动画和所有纪录片到演员表中，并为所有视频文件的结尾添加线索点。
5. 将开场动画导入时间线第 4 通道上。
6. 由于 Director 需要通过读取 data.txt 文件来获取所选择的纪录片相对应的代码，因此要编写一段影片脚本，读取 data.txt 文件信息，用于判断播放演员表中哪一个纪录片文件。
7. 为二维码读卡器进行伪装，将其装在与场景相同的盒子里，完成项目的软硬平台设计。

```
on readFile
    filePath = _movie.path & "data.txt"           ——data 文件要存在同一目录下
    fileIOInstance = xtra("FileIO").new()         ——生成一个 fileIO Xtra 实例
    if not fileIOInstance.objectP then            ——判断 fileIO Xtra 是否存在
        _player.alert("File IO Xtra missing")
        exit
    end if

    fileIOInstance.openFile(filePath, 0)          ——打开文本文件
      if fileIOInstance.status() = 0 then         ——打开文件并读取信息，然后关闭
      fileText = fileIOInstance.readFile()
      fileIOInstance.closeFile()
      else                                        ——如果打开有误
      member("field").text = "Error：" & fileIOInstance.error(fileIOInstance.status())
      end if
    end


    on exitframe
      readFile
      if member("value").text = "http://www.tjca.com.cn/nmf1.shtml" then
            set the member of sprite 4 to member "MEDIA CODE"    ——找出文本文件对应的纪录片演员，取代 4 号通道上的开场动画进行播放。
          end if
      ………………………………
                                                  ——对所有纪录片进行判断
      ………………………………
          go the frame
    end
```

```
    on cuePassed me, channel, number, name     ——如果遇上当前播放视频的线索点
        objFileio = new xtra("fileio")
        objFileio. openFile(_movie. path & "data. txt" ,0)
        objFileio. writeString("playdone")          ——在文本文件中用其他字符替换前面读卡的
解码
        objFileio. closeFile()
        set the member of sprite 4 to member "piantou"  ——4 号通道重新开始播放开场动画
    end
```

12.2.5 人员组成

由于每个互动项目的具体类别和设计内容有很大差别,因此团队组织时也不尽相同,可根据实际情况进行人员团队的组建。本项目的团队组织如下:

1. 视频采编组:负责所有视频的采访、编辑制作。
2. 装置与视觉设计组:负责项目场景设计与整体视觉形象设计等。
3. 软硬平台系统搭建组:负责软硬平台的制作与程序的编写。
4. 基建与检测组:负责场景整体搭建及最后检测等实施性工作。

12.2.6 作品最终呈现

如图 12-12 所示。

图 12-12 《媒体密码》作品展示效果

12.3 互动系统设计案例赏析

互动艺术设计作品的应用非常广泛,在人文艺术方面的应用体现了互动艺术设计在人文与科技结合方面的主要特征。本章节以台北艺术大学许素朱(小牛)教授指导的"ZEN—'轻安一心'创意禅修空间研究"项目中的互动艺术设计系列作品为主。从人文与科技并融的角度,结合互动媒体科技与多媒体创意内容、公共艺术造型,建置一系列的禅修创意空间,以使参与者能将身心放空归零("Z"ero)、"专心注意"后产生能量("E"nergy),并与大自然环境("N"ature)合而为一,进而达到ZEN(禅修)的本质。通过对作品设计创意的说明和作品操作使用的介绍,让读者从听觉、视觉、触觉等感官系统直观地感受设计作品孕育的人文内涵。

12.3.1 作品一:《Zen-Circle 互动禅修道》

1. 作品设计创意简介

《Zen-Circle 互动禅修道》的设计创意主要以曼陀罗双螺旋线的"圆形"为整体造型,以"听觉"感官为主导,其目的是让人在繁忙复杂的生活中不忘停下来走路,并"静思",在放慢脚步与专注于每个步伐中达到身心放松,以体验生活中"动中禅"把心灵中良好的状态培育出来。

整个设计分为二种模式,其中"慢走静思"为基础版,"慢快跑香"为进阶版。"慢走静思"基础版为单人版,在双螺旋走道中设计有五个声音节点,中间为控制节点,其他为自然声响节点,并运用超音波感测行人的行走行为。"慢走静思"基础版为单人版,当参与者沿着双螺旋步道慢走前进,经过声音节点时,该节点会播放对应的自然声响,到中间点控制节点驻足静思 10 秒以上,禅修道将播放"静心"轻音乐,直到参与者离开,参与者在走路与静思练习后可体验与自然合为一体的心灵放松。"慢快跑香"进阶版为多人版,中间控制节点会随机发出不同的声响来引导参与者来做快走、停、慢行的专注训练,如图 12-13。《Zen-Circle 互动禅修道》能够让人们在繁杂的生活中,体会在动、静、快、慢等的专注状态下,经由内心的精神感悟,让人与生活环境拥有互动智慧、让身心获得和谐、轻松、智慧的能量。

图 12-13 《Zen-Circle 互动禅修道》的造型

图 12-14 《Zen-Circle 互动禅修道》的声音交互节点

2. 操作说明

● "慢走静思"基础版（如图 12-15）

① 参与者可按照禅修道现场的箭头指示方向进行"慢走静思"禅修练习。

② 在双螺旋走道中，设计有五个声音节点，第 1、2、4、5 点为一般声音节点内含有不同的大自然音响（依次为鸟叫、虫鸣、流水声、树林声），第 3 点置于中心点，为控制节点。每个节点内硬件包含有 Arduino 控制器、微波传感器、Xbee 无线传输、Wave Shield 声音播放器、户外防水喇叭等。

③ 参与者行走至双螺旋线中心点并静思时间 10 秒以上时，控制节点将通知所有声音节点改播"静心"轻音乐；当参与者静思完毕离开中间控制点时，控制节点将通知所有声音节点恢复播放自然声响。

图 12-15 "慢走静思"基础版模式

● "慢快跑香"进阶版（如图 12-16）

① 为多人行走进阶互动模式，让有慢步行走经验者共同参与。

② 中心控制节点会自动随机发出三种声响："短节奏连续竹板鼓声"为"快走"声响，一声短促的敲击声为"停"声响，长节奏钟声为"慢行"声响，以告知参与者作对应的快走、停、慢行等禅走练习。

③ 参与者能在快走、停、慢行三种模式之间互动切换，调整自我浮躁的心态，逐渐进入专心、放松的

心境中。

图 12-16 "慢快跑香"进阶版模式

12.3.2 作品二：《Zen-Move 互动禅修道》

1. 作品设计创意简介

《Zen-Move 互动禅修道》的设计主要采取点的直线运动为设计风格，概念为以"视觉"感官为主导做"专注"练习。此设计共有三种模式，包含"禅定球"基础版、"自在语"进阶版、"手机跨界"远程版。本文主要介绍"禅定球"基础版与"手机跨界"远程版。在"禅定球"基础版中，参与者在第一个触摸屏上拖曳禅定球，如在 25 秒内拖曳完成，则禅定球会根据系统所计算出的跃越指针跨越到后面的屏幕，否则专注程度不够则禅定球会停留在原屏幕不动，最后参与者继续拖曳禅定球直到最后第十个屏幕为止。"手机跨界"远程版类似禅定球版，但是在手机上执行，参与者在手机操作禅定球练习后，手机会把结果从远程传送至法鼓山 Zen-Move 互动禅修道现场，当现场无人操控时也可看禅定球滑动跃越，那表示有人在远程做 Zen-Move 专注练习。《Zen-Move 互动禅修道》主要是让人们在走道行走时可随时驻足停下来，静下心来去做一件事，以培育良好的"静动一如"心态，如图 12-17。

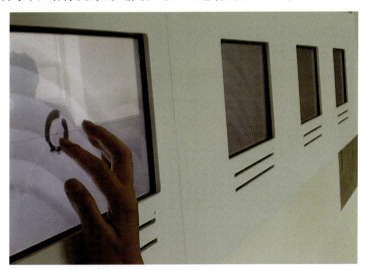

图 12-17 《Zen-Move 互动禅修道》互动设计

2. 操作说明

● "禅定球"基础版（如图 12-18）

① 参与者在第一台触摸屏前，用指尖轻轻拖曳屏幕中黑圈禅符号内的小红点，即"禅定球"。

② 屏幕中央有一条横线为基准线，参与者要专注拖曳禅定球，并维持在基准线上。

③ 若 25 秒内无法完成拖曳或者拖曳时偏离基线太多，禅定球会弹回起始位置。若在 25 秒内完成拖曳，系统会计算出"跨越指标"，禅定球会依据跨越指针跳跃至指定的屏幕上。

④ 参与者需接续拖曳禅定球，直到禅定球滑移跃越至最后第十部屏幕。

⑤ 当禅定球成功拖曳到第十个屏幕时，系统会播放音乐声响，而禅定球将幻化消失，此时表示已完成 Zen-Move 专注练习，如图 12-19。

图 12-18　"禅定球"基础版操作过程

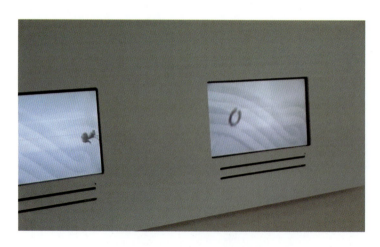

图 12-19　完成 Zen-Move 专注练习视觉效果

● "手机跨界"远程版

① 参与者需先下载"手机跨界"远程版的软件后，可随时随处在任何地方于手机做禅定球专注练习。

② 如在 25 秒内于手机完成禅定球拖曳，手机屏幕会出现系统所计算出的"跨越指针"数字（即禅定球应跳跃至指定的屏幕上）。

③ 此时现场互动装置上的禅定球会依远程手机传来的"跨越指标"做跃越。

④ 参与者可继续在手机拖曳禅定球，让禅定球最后滑移跃越至第十部屏幕（"跨越指针"数字为

10），而现场互动装置上的禅定球会跟着手机传来的指标继续跃越滑动，如图 12-20。

图 12-20　参与者在远程操作禅定球

12.3.3　作品三:《Zen-Farm 禅心农场》

1. 作品设计创意简介

《Zen-Farm 禅心农场》的设计是以"矩阵"排列为作品的形式风格，主要强调"心情"的平静与专注，其特点是利用人们的心跳稳定度来作为禅心农场的水源动能。作品利用回收的饮料瓶和气动水循环方式建构自动循环灌溉系统。参与者可通过心跳测试仪测试心跳，心跳稳定度越高，控制灌溉系统则会提供更多的水源来灌溉植物。《Zen-Farm 禅心农场》的设计主要是引导人们做心情平静的训练，同时以"点滴净水，万物长青"的理念，提醒世人关爱自然环境，与万物和平共生。《Zen-Farm 禅心农场》植物要能长青延续，参与者则需常做心静平稳的练习以持续提供水源，如图 12-21。

图 12-21　《Zen-Farm 禅心农场》互动设计

2. 操作说明

① 作品左侧有一个高 100 cm 的装置心跳控制面板座,上有一个手掌形状的触摸台,参与者可以将手轻放在触摸台上,与手形吻合。

② 参与者可轻压触摸台上食指位置的黑色心跳感测仪,并保持手指稳定按压。

③ 当听到一声短暂的敲击声音,即表示系统开始收集心跳稳定程度的数值,时间为一分钟。

④ 当听到两声短暂的敲击声音,即表示系统已完成心跳的测试,即可将手从触摸台移开。

⑤ 系统会统计参与者的心跳稳定度,并在触摸屏幕上显示 1～10 级的不同稳定度,数值越高表示越稳定。

⑥ 心跳稳定值超过 5 以上则会控制灌溉系统提供水源浇灌植物。数值越高则提供的水源就越多,反之数值越低则提供的水源就越少,如图 12-22、图 12-23。

图 12-22　《Zen-Farm 禅心农场》操作方法

图 12-23　《Zen-Farm 禅心农场》装置设计

12.4　总结

互动设计的成功仰赖于技术与艺术的完美结合,技术在某种程度上甚至起到决定作用,作为一名互动设计师,了解各种先进技术是进行创作的前提,虽然让艺术背景的设计师来掌握所有类别的技术有一定的困难，但是借助某些辅助工具或通过学习一些有效的方法，还是可以跨越技术的屏障，迅速成长为一名互动设计师。虽然技术在某种程度上已成为互动设计的重要支撑，但作为设计师始终要明白，艺术才是互动设计的灵魂，一个没有灵魂的作品有再好的技术也没有存在的价值。

【本章思考】
1. 分析互动系统设计的实施流程及方法。
2. 尝试设计一个互动装置作品的策划案。

参考文献

[1]　周陟. UI 进化论——移动设备人机交互界面设计. 北京:清华大学出版社,2010
[2]　鲁晓波,詹炳宏. 数字图形界面设计. 北京:清华大学出版社,2006
[3]　廖洪勇. 数字界面设计. 北京:北京师范大学出版社,2010
[4]　吕悦宁. 界面艺术设计. 北京:高等教育出版社,2010
[5]　黎芳. 页面设计与配色实例分析. 北京:兵器工业出版社,希望电子出版社,2006
[6]　孙悦红. 面向用户的软件界面设计. 北京:清华大学出版社,2009
[7]　http://tieba.baidu.com/f? kz = 20443903
[8]　http://baike.baidu.com/view/43210.htm
[9]　http://baike.baidu.com/view/43207.htm
[10]　http://www.ltesting.net/ceshi/ruanjianceshikaifajishu/rjcshjdj/windows/2007/0713
[11]　http://baike.baidu.com/view/119481.htm
[12]　http://baike.baidu.com/view/763823.htm#sub763823
[13]　http://baike.baidu.com/view/189667.htm#sub189667
[14]　http://www.uml.org.cn/jmshj/201109023.asp
[15]　http://tieba.baidu.com/f? kz = 136182259
[16]　http://tech.163.com/04/1226/20/18I8G38R0009159E.html
[17]　http://www.cnblogs.com/binaryworms/archive/2010/03/19/1689974.html
[18]　http://www.haidc.com/info.aspx? news_id = 20091215000108
[19]　http://baike.baidu.com/view/50036.htm
[20]　姜恩正. 设计师谈成功网页设计原则. 北京:电子工业出版社,2006
[21]　www.arduino.cc